Beauty

Survival of the Prettiest:
The Science of Beauty

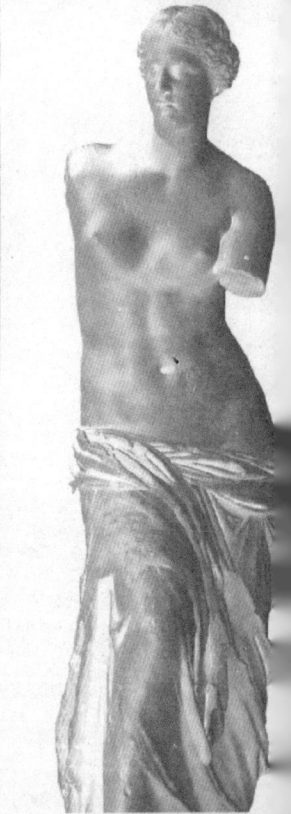

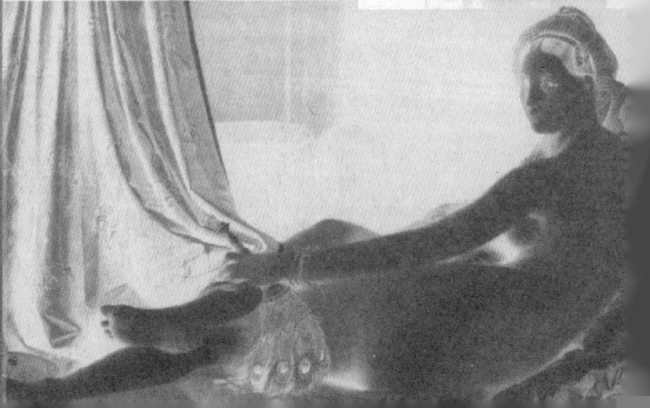

美

Survival of the Prettiest: The Science of Beauty

为

作者：南茜·艾科夫

Nancy Etcoff

译者：张美惠

贵州出版集团

贵州人民出版社

美之为物

Survival of the Prettiest: The Science of Beauty

目录

序

为什么有时不美也是一种美?

曾昭旭

美是什么？美到底是来自客体抑或主体？物质抑或精神？形式抑或内涵？一直是一个令人困惑而聚讼纷纭的难题。

美一涉概念，便两边都不是

这难题的关键其实来自一个根本的矛盾，就是人无可避免地要用分析性的概念来论说美，而美却是一个综合的境界，如"整体存在感"、"物我（或人我）合一感"；所以，只要一旦将整体存在区分为形式与内涵、肉体与心灵，问美在哪一边?就必然两边都不是了。

但人使用分析性的语言来论说人生又是不可避免的，因为所谓人生根本就以破裂为其宿命（如所谓"凿破混沌"，又焉能不使用分析性的概念来指涉？然则要指涉以整体存在为本质的美要如何才可能呢？这就不得不通过辩证的历程，以"吊诡"（Paradox）的方式来表示了。

首先，我们若将整体存在区分为形式与内涵，那么美就是形式与内涵的综合合一。但这综合合一如何可能？答案是：只有当形式与内涵其定义都是"完美"时才可能。亦即：形式是完美的形式，内涵是完美的内涵（即以"完美"为内涵），而且此两者更要达致一完美的综合，以免两者互相妨碍，减损其完美才行。

对大自然可以直从形式判别美

这时形式即内涵、内涵即形式，因都是完美故。于此吾人便可不问内涵，而直接从形式去判别美不美了。对大自然诸般事物之美便是如此判别的，如一朵正绽放的鲜花，或猎豹身上一圈艳黄的斑纹……这时内涵可以全隐，因为其呈现即是形式，所以直接从形式便可判知美或不美。换言之，形式是真的，形式是不会骗人的。

但我们一定要知道，这仅就欣赏大自然之美而言，若道人体美的欣赏与判别就不同了。因为比起大自然的万物，人多了一个心灵。心灵固然会创造，也会作假（二者同出一源），遂可能有"不具完美内涵的完美形式"出现，而这却只是一种假完美。亦即：它在形式尺度上似是完美的（例如符合黄金分割或种种美的比例），但在人的综合的美感直觉上却不美。

当人丧失内在自信，外在的美就变假

为什么会出现这种假完美？关键便在人心误以为美的标准在外在的形式，因为我们在欣赏大自然诸事物时是如此的，却不知那是形式即内涵，而非只是形式。当人已有了形式与内涵的概念区分之后，便不能只看形式了。否则一意外求，必将遗忘内在的修养、丧失生命的完美而变得不美了。

那么，什么是内在或内涵的完美呢？这就不是形式尺度的问题，而是心灵或生命主体能否自觉、坦诚、自信、自谦与对自我的不完美能否进行反省、改善、创造的问题。这就是根本自信亦即彻底地自我肯定其完美，当然此彻底是辩证而吊诡的彻底；亦即：再谦虚反省其不完美都依然不失自信而非自卑，亦无须自我否定。或：再自信自知其完美都依然不失自谦而无须自我夸大以致反成虚假。所以无论如何，自我都是开放而自由的，这就是内在美的本质，也是一切形式美的内在根源所在。

因此，当人丧失了这内在的自信之后，形式之美亦即徒然的精准尺度便立即变假，反而令人生庸俗可厌之感了。所以赫本头在奥黛丽·赫本身上是美的，但在一窝蜂东施效颦者身上就未必美了。

有时适度作怪反而比较美

为了对抗这种附庸风雅的假美潮流，人可能会故意鄙视形式、违反尺度，以强调久被人心遗忘的精神内涵。而强调之方，就是故意展示不完美的形式以刺激麻痹的人心，故意让你目瞪口呆，让你吃惊呕吐，因为只有这样你才会有存在的感觉；而这真实的存在感之唤醒，无论如何胜过没血没肉的浮滥形式。近世种种之前卫艺术走的正是这一路数，所反映的其实不在美而在人心的昏昧、人世的沉沦！

这当然不是美的典范而只是美的偏锋，典范的美仍当是内涵形式俱美，亦即通过精致匀称的尺度，呈现的也是一个并不靠尺度支撑的自由生命、自信心灵。但美既然也有形式内涵完美综合之一义，那么，当世人已渐渐只认得形式尺度而遗忘心灵境界的时候，也许是适度作怪才反而较能提示逼显美之为美的。内外俱美的人反而会与庸脂俗粉混而不辨哩！

所以，本书虽然是偏就科学层面，也就是形式尺度一面去论美之为物，我们依然不可忘记那一点内在心灵的修养与自信，所谓画龙点睛。有此一点，才会全龙俱活，不愧真美；否则便终难免为皮相所役，且徒劳无功。愿天下所有爱美者都真能如愿以偿，那时何止美人，天下苍生将同被福佑！

人的本质中有一种强烈的倾向：观察和珍惜美的事物，任何心理分析都不足以解释如此奇特的能力。

——乔治·桑塔雅纳

我知道，你完全听不懂我在说什么。美早已消逝了，被言语的噪音淹没，如传说中的亚特兰提斯岛一般永沉海底。唯一留有的是言语，然语焉不详，年年流传。

——米兰·昆德拉

美的本质

什么是美？哲学家苦思美的意涵，色情作家提供美的片面意象。有人问亚里士多德为什么人会渴望肉体的美，他说：“只有目盲的人会问这样的问题。”美使人心醉神迷，撩拨情感的野火。从柏拉图到性感月历女郎，人体美的形象迭经演变，因为人类对理想形象怀有观看与想象的无限欲望。

　　然而我们活在美丑难分的世界，美得不理直气壮，丑得又有几分魅力。美是真实与想象的结合：掺杂着我们的梦想与渴望。反过来说，以美为师可能只是逃避现实，永远不肯长大，拒绝接受不完美的世界。我们用一句陈词滥调“美是见仁见智的”来敷衍，意思是只要自己喜欢就是美（但也暗指美是无可解释的）。如此定义的美是没有意义的，就好像旅法美国作家格特鲁德·斯泰因（Gertrude Stein）谈到她童年居住的加州奥克兰说：“即使物换星移，那里永远是家。”

　　1991年娜欧米·伍尔夫（Naomi Wolf）试图为数百年的争议写下句点，论定客观与普遍的美根本不存在。她说：“美就像金本位一样是一种通货体系，也和所有的经济现象一样受政治因素左右。在现代西方社会中，美是维持男性优势的最后一套信仰。”希腊神话中有一则评选最美女神的故事，负责评审的特洛伊王子帕里斯接受女神阿弗洛狄忒的贿赂，把最美丽女神的头衔给了她，以致后来有特洛伊战争。伍尔夫认为，我们看到的美的形象就是建立在神话的基础上的。简单地说，就是纯属虚构。美是现代工业轻易编造的故事，制造美的形象，当作鸦片贩卖给女性大众。这样的美是女性的武器，借

以吸引异性，分享权力。资本主义与父系社会定义出可供文化消费的美，然后到处张贴美的形象以激发欲望与羡慕，达到既赚钱又保持权力的双重目的。

知识分子告诉我们美无关紧要，美既不能提供解释，也无法给予我们解答或教诲，在知识的探索中根本不值一提。因此我们大可一笑置之，毕竟美的观念不过是一个尴尬的主题。

然而这个论调很难自圆其说。离开观念的世界，美的影响力无所不在。美丽的事物永远吸引人们的目光，观者也总是乐在其中。对美视而不见就像克制生理欲望或对婴儿的啼哭充耳不闻一样困难。我们大可宣判美丽已死，但这只能加深对真实世界的误解。

在美丽沉沦以前，且容我用放大镜来检视什么是美。有人认为广告商神通广大到能指挥女人的行为与喜好，甚至左右她们的审美观，但这种说法对女人的能力与智力都是一大侮辱。为什么不从另一个角度思考，难道不可能是女人自发地追求美，并利用相关产业充分发挥美的效益？也许问题不在女人太爱追求美，而是缺少机会追求其他事物？

广告商确实很聪明地利用了人类普遍的喜好，但不能说他们创造了这些喜好。就好像迪斯尼并未创造人们对可爱动物的喜爱，可口可乐或麦当劳也未创造人们对甜食的偏好。广告商确实对我们的服饰选择与审美观有推波助澜的效果，但这是流行感，不是美学观。法国诗人彼德莱尔说：流行是"蛋糕上面赏心悦目诱人的糖霜"，但不是蛋糕本身。

媒体的作用是导引欲望，窄化我们的偏好。一个风靡大众的形象变成固定模型，美丽的人自有模仿者追随，接着又出现第二代第三代的模仿者。玛丽莲·梦露就是一个广受喜爱的偶像，从珍·曼斯菲德到麦当娜都是她的模仿者。美的形象常反映出种族与阶级优势的意味，但美本身是盲目的，与种族无涉，甚至是因多元而美。达尔文说："如果每个人都是一个样子，世界上就没有美了。"

有些人担忧美的追求已到了过度的地步，逐渐成为一种病态的文化，因而出现反美的论调。检视历史与人类学的资料会发现，人类为了美丽对身体做过很多事——

烧疤、彩绘、穿洞、软化、硬化、拔毛、赤裸、磨光。19世纪达尔文乘老鹰号旅游，发现人们"对装饰具有共同的热情"，不惜承受"奇特"的牺牲与痛苦。

我们知道"原始"文化或古老社会中可能有伤害身体的某些习俗，却忽略了美可能带引出每个人内在原始的一面。据统计，1996年自愿接受美容手术的美国人有696904人，内容包括皮肤的撕开、烧灼、抽脂、植入异物等。在1992年美国食品药物管理局限制硅胶隆乳以前，每天有四百位妇女接受隆乳。过去只有色情片女主角才可能做的手术，现在已成为好莱坞女星的常态，连家庭主妇都加入这个行列。

这些激烈的手段并不是为了矫正畸形，而只是细部的改善。荷兰乌特勒克（Utrecht）大学教授凯西·戴维斯（Kathy Davis）观察寻求整形手术的五十几个人，除了其中一人鼻子畸形外，光是从外表根本无从判断每个人要做什么手术。戴维斯说："实在很令人惊讶，这些人竟为了小小的不完美就愿意采取如此激烈的矫正方式。"然而脸与身体的任何不完美对当事人都不算小事，每个人对自己身体的熟稔就像制作地图的人对土地的了解。在外人眼中我们最美和最丑的时刻并没有太多不同，在自己眼中却似千变万化，头发稍乱，皮肤一小块乌青，体重增加半公斤都会颠覆我们的自信，反观情绪、体力或精神方面若发生同样微细的变化，则还不致有如此大的影响。

人们奉美之名做出种种极端行径，不惜投入大量资源甘冒风险，仿佛这是生死攸关的大事。在巴西雅芳小姐的数量比军队还多，美国人投资在美丽方面的金钱超过教育

或社会福利。每一分钟售出的化妆品数量惊人——1484支口红与2055瓶皮肤保养品。在饥荒时，非洲喀拉哈里沙漠的布希曼人仍然用动物的油润滑肌肤。1715年法国因贵族大量使用面粉做头发使食物短缺，最后爆发动乱，即使是法国革命也无法抑制人们为了美丽而囤积面粉。

难道是全世界陷入集体疯狂，或者这疯狂背后有某种秩序？要知道，没有人能抗拒外表的影响。我们大可放一把火烧掉所有时尚杂志和模特儿的海报，但我们脑中自有一个年轻完美的身体形象而且渴望拥有，没有人能免疫。罗斯福总统夫人伊莲娜被问到此生有何遗憾，她的回答很直接：但愿能长得更美。从这样一个备受敬爱一生多彩多姿的女士口中说出，这句话确实发人深省。这样的喟叹不只是女人才有，大文豪托尔斯泰在《童年少年与青春》里说："我时时陷入忧伤，常想一个人若是有我这样的宽鼻厚唇小眼睛，在世上怎会有快乐……"对一个人的发展影响最大的莫过于外表，对自身美丑的信念尤其比真实外表影响更巨。

外表是自我对外的门面，世人也总是假定这外在的标记是内在的反射。当然这个假定不见得公平，却是实际存在的现象。美丑的影响不是我们能否定的，而且会持续发挥其影响力——不是表现在法律上，而是在没有法则的人际交往的世界。知识分子也许会嗤之以鼻，或有人认为美丑是琐碎肤浅的话题，但在真实世界中你会发现美的迷思很快就会与现实发生矛盾。

本书要探讨人的审美观与形成原因——人为什么无法抗拒美，哪些特质会引发美的感受，美感经验为何是人性的一部分。我认为人对美的热情追求是本能反应，正如乔治·桑塔雅纳说的："如果人的感知能力无法带来快乐，我们早就闭上眼睛不看这世界了……天生具有美的感知能力是人类的一大资产。"书中会提出认知科学与进化心理学的研究佐证，进化的观点也许不能完全解释美的概念，但确实能解释很多事情，也有助于我们了解美在人类生活中所扮演的角色。

什么是美，
我们如何知道？

我们总是在打量别人的外貌，仿佛内在有一个永不打烊的美的侦测器。我们看到一张脸时自然会产生美丑的判断，就像判断是否认识对方一样自然。美的侦测器迅捷如雷达：看到一张脸后可以在不到一秒的时间判断美丑（一项心理实验得出150毫秒的速度），且结果与更长时间的判断是一致的。即使对一个人的许多重要细节都已遗忘，最初的印象总是深印脑海。

美是一种基本的快乐。试着想象你对美完全免疫，很可能你会觉得不太健康，甚至陷入身心的抑郁状态。对美没有反应确是严重忧郁的症状，诊断忧郁症的一个标准就是患者对自身美丑的评价。

然而什么是美？你会发现没有一种定义可以完全概括。我请教那些美的产品销售者，心想除了虚无缥缈的广告词，他们总有比较具体的标准吧。创造电视《海滩游侠 (Baywatch)》的艾伦·史贝灵 (Aaron Spelling) 说："我无法定义美，但美出现在眼前时我立刻就知道。"我请教一家著名的模特儿公司，他们的说法比较具体："当一个人走进来，你立刻感到呼吸一窒时就是美了。当然，这种情况不常发生。美不是用眼睛看而是用感觉的，走在路上你绝对不可能错过。"注意，这些专家谈的是见识到美的经验，而不是美是什么。若是要简化为外表，我只知道年轻、高挑、皮肤好是美，但这只是初步的界定。

《牛津英语字典》定义美为："具优雅的外形、迷人的色泽或其他特质足以令人赏心悦目：一、指人的脸或身材，二、指其他事物。"第二定义说："依现代口语用法，美常指一个人极度喜欢的事物。"我的网络字典是这样定义的："带来感官的快乐或精神的愉悦。"

根据字典的定义，美是事物本身的特质（外形色泽等），或只是事物带给观者的愉悦——哲学家桑塔雅纳便说美是"物化的快乐"。观察美学观的历史演变，可清楚看到演变的轨迹。对古希腊而言美就像是直觉。在20世纪，当马歇·都乾 (Marcel Duchamp) 的马桶，安迪·沃荷 (Andy Warhol) 的罐头都可以成为上流艺术，美不再存在事物本身，而是观者赋予事物美的价值。

Survival of the Prettiest 10

美的标准或许有争议，美的经验却是共通的。美会激发复杂纠结的情绪，但快乐必是其中之一（痛苦的渴望、嫉妒与快乐并不冲突）。身体对美的反应是直觉的，正因为激情而忘我，形容美的语言常常是具毁灭意味的——令人屏息、致命的吸引力、倾国倾城。美的经验不是理性思考的结果，而是生理激情的反应。

1688年法国道德家拉布亚（Jean de La Bruyere）谈到一种跨越性别的愿望："从13岁到22岁做一个美丽的女孩，之后做一个男人。"少女的美确有超凡的魅力。1957年23岁的碧姬·芭杜主演电影《上帝创造女人》，同年《电影杂志》（Cinemonde）做了一番统计：法国的日报报导碧姬·芭杜的文字有一百万行，周刊有二百万行，附随照片29345张。该杂志甚至调查出法国人谈话的主题47%是碧姬·芭杜。1994年，模特儿克劳蒂·雪佛在罗马的西班牙展中穿着一袭黑绒洋装出现四分钟。根据《每日电讯报》（Daily Telegraph）报导，四百五十万人观看这个节目，城市几成空巷。

也许这只是媒体炒热的新闻，和电视节目的罐头笑声没什么两样。但在日常生活中小型的震撼也经常发生，乔埃思（James Joyce）的《年轻艺术家的画像》（Portrait of the Artist as a Young Man）描写男主角看到一个年轻女人站在海边，"修长的腿……脸庞有一种惊世之美"。她的美改变了他，开始有了感官与精神的渴望。"她的形象永远进驻他的灵魂，那神圣而静静的喜悦没有语言能打破……在他面前的是狂野的天使，带着致命的年轻与美丽从天庭下凡，在狂喜的瞬间为他打开所有错误与荣耀的秘密：永无止境。"

美国诗人庞德（Ezra Pound）也曾因瞬间的感动写下两行短诗，题为《巴黎地铁车站》。诗曰："人群中容颜的幻影：花瓣在湿而黑的枝丫。"后来庞德谈起写诗的源起："三年前有一次我走出巴黎地铁，突然看到一张美丽的脸，不只一张脸而是接二连三，然后是一张美丽的孩子的脸，美丽女子的脸。那一整天我都在思索如何形容那感觉，发现没有文字可以比拟……这一类的诗尝试捕捉一个奇特的瞬间，当外在客观的事物突然改变或投射成内在主观的东西时。"

我们很难用言语说明，为什么某一双眼睛、某一张嘴唇特别让人有感觉，即使是诗人也觉词穷。当我们注视美丽的事物时，也必经历一次人类几世纪来尝试捕捉美的努力。

美的理想
存在心灵而非肉体

我们在评断他人外表时，总似心中存有一个美的标准，即使在实际生活中无缘见到这个标准，但见到时必能一眼辨识。这个美的标准存在想象中。诗人艾米莉·狄金森（Emily Dickinson）一生大半时间都待在家中阁楼，对想象力的无远弗届有深刻的体会："我不曾见过荒野，不曾见过大海。但我知道石楠的风姿，海浪的起伏。"肯尼斯·克拉克（Kenneth Clark）在《裸》（The Nude）里也谈到，当我们批评别人的外表时，如脖子太短鼻子太长脚太大，都显示出我们存有一个美的理想。德国画家艾伯勒·杜瑞（Albrecht Durer）说："世界上没有一个美丽的人不能再更美丽。"

圣大芭芭拉加州大学人类学教授唐纳·赛门斯（Donald Symons）有过一次笛卡儿式的经验。那次他去听一个整形医师演讲，演讲者以幻灯片展出一系列超级美女的脸。让赛门斯大为震动的是他发现每一张脸都不完美，他很自然地就注意到某人的上唇太长，某人的鼻子太尖。事实上，这些人的美丽反而使小小的瑕疵愈发凸显。然而他所谓太长太尖究竟是与什么作比较？这次的经验让赛门斯相信，我们内在有一个美的典范，即使不是具体存在，却是衡量一切的标准。这些美丽的脸很接近这个标准，但还不完全符合。就像杜瑞所说的，他还可以想象她们更美的样子。

人类似乎不断尝试各种方法贴近这个不存在的美的理想。公元前5世纪的希腊画家邱克西（Zeuxis）要画特洛伊的海伦时，便是以当世五大美女为参考，希望呈现出海伦的倾国之姿。像海伦或但丁的碧翠丝等传奇美女其实书中并无太多描述，她们的脸是一张白纸，测验后人对美的典范有多少想象力。

在电影或杂志里，现代的邱克西是以集合众人之美的方式创造典范。好莱坞喜欢用替身代替演员做特技动作，但有时只是因为替身的身材和演员美丽的脸庞较搭配。20世纪80年代的电影《闪舞》（Flashdance）捧红了珍妮弗·比尔斯，后来

我们才知道身体特写部分并非她本人。但这也不重要，多数人很容易将比尔斯的脸和替身的身材结合起来，在想象中永远保留这个完美的组合。

超级名模是特殊的异类，天使的脸孔与魔鬼的身材似乎天生就是要取悦世人。然而即使是名模也有不完美的地方，例如辛蒂•克劳馥的手腕两边不同宽（更别提她脸上的痣），琳达•伊文洁莉丝塔（Linda Evangelista）恨死了她那张又小又有皱纹的嘴。有些人凭借完美的手脚嘴唇担任“专门模特儿”，譬如说她们的手可能配上名模的脸。以手的市场而言又可分为“静态型”与“产品型”。前者必须有无瑕的肌肤与如葱的纤指，戴着珠宝或拿着信用卡的手属于这一类。产品型的手是动态的，熟练稳健地操弄清洁剂或洗发精。脚是另一个专门领域，因为一般模特儿身高都在175cm以上，脚当然不小。但自古以来都以纤巧小脚为美，要像灰姑娘那种。一位模特儿经纪商表示，足部模特儿通常穿六号鞋，皮肤光滑，美丽的脚趾就像“五只小虾子”。

然而每个人都是完整的组合，要结合众人最完美的部分，唯一的方法是修饰。肯尼斯•克拉克（Kenneth Clark）说你很难直接将裸体化为艺术，人体“不像老虎或雪景……裸体不能引起共鸣，只能让人幻灭。因此我们要做的不是模仿，而是美化”。这也是人像画的一贯原则，直到现代主义改变了人体的呈现方式。在最极端的情况下，影像甚至可能过度理想化，以致与本人只有些微形似。16世纪时女王伊丽莎白一世的画像将她的脸画成“完美无瑕不透光的面具”。有人请霍利斯•华尔波尔（Horace Walpole）辨识女王的画像，他寻找的线索是罗马鼻、头发装饰珠宝、王冠、布料繁复的华丽服装、轮状绉领、成串的珍珠。女王的画像也许从来不像她，但随着年华却变得愈来愈抽象，重点都放在服饰的华丽，脸部则是简单金色带红的头发、苍白的皮肤与高高的鼻梁。

仔细观察你会发现每个人照镜子时都在取悦自己，在别人面前当然也会努力展现最好的一面。美丽的偶像自是更甚于此，每一次露面每一次照相都要先经过精心的打扮。20世纪30年代的女明星流行以夸张的打扮在过滤的镜头前摆夸张的姿态，做作得明显，展现的是人前的光鲜亮丽。现代人倡导自然美，然而自然美也是一样做作。有人问维若妮卡•魏柏（Veronica Webb）她的自然美要准备多久，她说：“两个小时加两百美元……我永远无法把自己弄成杂志上那样子。”

我们已习惯了任何图片都可造假。增色、喷雾、数位化更改，人的形象没有理

ON SINE SOLE
IRIS

由不能改变。我们试图改善事物的面貌，达到取悦诱惑的目的，当然也会运用在人与人之间。

有些艺术家却喜欢呈现事物赤裸的原貌，黛安·艾柏斯（Diane Arbus）专为不算美丽的人拍摄特写，摄影家理查·艾佛登（Richard Avedon）的著名作品是一系列美国西部的摄影，完全赤裸写实。鲁西安·弗洛伊德（Lucien Freud）、菲力普·培斯丹（Phillip Pearlstein）等画家毫不修饰呈现皱纹、雀斑、苍白与松弛的肉体，然而这也不能说是精准呈现真实——无论从当事人或旁人眼中看去都不算写实。平常我们没有摄影师的灯光，也没有近距离到看得见毛孔或散乱的发丝。这类照片仿佛是在手术室冷冷的灯光下，从窥淫狂或最恶毒敌人的眼中看到的景象，其实并不比那些美化的照片更真实。当我们看到所爱的人时会是这副样子吗？说穿了这是另一种艺术手法，把人当作只是一堆肉。

按照法国诗人保罗·华莱里（Paul Valery）的说法，我们都苦于三个身体的困扰而无法解脱。第一个身体是我们"拥有"与生存的身体，对每个人而言都是"世界上最重要的东西"，也是每个人体验自我的场所。第二个身体是对外的门面，"是艺术所了解的身体，是装饰品与盔甲穿戴的地方，是情人眼中看到及渴望接触的主体。"这可以说是传统艺术描绘的对象。第三个身体是生理的机器，"只有在解剖时才意识到它的存在……平时根本察觉不到肝肾大脑的存在"。这是我们最陌生也亟欲以美来遮掩否定的身体。

人类为何对装饰有共同的欲望，为何要修饰照片、美化图画？追根究底是因为我们希望自己不只是自然的杰作，更是艺术的杰作，希望将华莱里的三种身体合而为一。这个欲望有一部分是精神层面的——希望拥有一个符合梦想的外表，同时也是追求爱与认同的表现，希望展现出别人愿意注视与认识的外表。生物学家会说追求爱是受到基因的驱使，因为渴望被传承而致力创造吸引力。昆汀·贝尔（Quentin Bell）的著作《论人类的修饰》（On Human Finery）内容极精辟，他认为画家与服装师本质上都是哲学家。"亚里士多德认为戏剧比历史更接近哲学，因为历史只记录实际发生的事，戏剧则告诉我们应该发生的事。同样的道理，裁缝师与画家也是哲学家，画家创造理想状态的人体，裁缝师的巧手匠心让身体有了无限可能的变化。"

美的典范

综观历史上关于美的论述，自苏格拉底以降一直有一个共同的线索：将美建立在比例与数学的基础上，基本元素是清晰、对称、和谐、色彩鲜明。柏拉图说美的要件是大小适度，各部分和谐无间地融合为完美的整体。他将比例的观念延伸到所有事物的美，大谈演讲的最佳长度、绘画的最佳结构、诗中语言的适当运用。圣奥古斯丁认为美就是几何图形与平衡，因此等边三角形比不等边三角形美，四方形比等边三角形美，圆又比四方形美，最美的是纯粹而不可分割的点。"什么是身体的美？"他自问自答："和谐且色泽宜人。"亚里士多德认为美存在于"秩序、对称与明确"，西塞罗说美是"四肢对称且色泽宜人"，普罗提诺则说美是"各部分彼此间及部分与整体间的对称……美的事物必然是对称的。"他认为美必是细节与整体兼顾，"绝不可能是丑的组合"。这些理论都认为同样的美学观可以一以贯之，不论是美女、花朵、风景、圆形都可适用。

过去不断有艺术家设计人体的度量标准，希望能捕捉人体几何比例之美。艺术史家乔治·赫西 (George Hersey) 指出，西方最重要的人体量度系统可追溯到第5世纪的希腊雕刻家波利克里克塔斯 (Peyclitus)。波氏最有名的作品是执矛的男子与受伤的女战士，这也是被最广为模仿的男女比例。同时期的溥氏 (Praxiteles) 的爱神雕像表现的是同样的女性典型。自公元前450年以后，西方艺术一直受到这些人体经典作品的影响，直到20世纪初现代主义才开始有更多元的表现方式。波氏称他的执矛男像为卡农 (Canon，意指标准)，在影响上堪称名实相符。

对普氏及后来的杜瑞 (Albrecht Durer)、艾尔柏蒂 (Leon Battista Alberti)、达·芬奇而言，对称是美的要素，不过他们所说的对称与今天的定义不太一样。现代人所说的对称是以线、面、轴心为主，两边的形状完全相对应。但是对希腊与文艺复兴时期的艺术家或学者而言，对称是指部分与部分之间的关系与对应，通常以数字来表示。如乔治·赫西所说的，重点是"可依同一标准测量"，例如整个身体可依手

长、头长或拇指长来测量。希腊名医盖林（Galen）便认为三只手长的手臂比三只半长或二只半长的美。

杜瑞以他自己的手指为单位建立了一套测量系统，中指长等于手掌宽，手掌宽又与前臂有一定的比例关系，由此衍生出整个身体的标准。他的这一套美的测量系统就建立在他的手指上，而他的手指恰巧很修长。我们不禁要想，万一杜瑞的手指很短，西方的艺术会如何演变？然而杜瑞并不是唯一一个以自身为标准的人。1907年爱德华·安格（Edward Angle）发表了一套牙齿矫正标准，也是以他自己的欧洲人的脸为基础。依据这个标准，所有的亚洲人及非洲人恐怕都要矫正牙齿。

文艺复兴时期，除了身体以外，脸部的完美比例也开始受到重视。杜瑞主张脸部可分成四等份，也有人主张分成三等份，分别是发线至眉毛，眉毛至鼻下缘，鼻子下到下巴。其他新古典主义与文艺复兴的标准涵盖更多细节，耳朵高度与鼻长相等，两眼之间与鼻子同宽，嘴宽等于鼻宽的一倍半，鼻梁斜度与耳朵轴线平行等。这些标准主宰西方艺术数百年，即使到了20世纪仍是整形手术的重要参考。

这些标准在西方文化中非常重要，奇怪的是很少人从科学的观点做实际的验证。人体测量学家李斯利·法克斯（Leslie Farkas）实际测量了很多人的脸部比例，包括二百位女人（含五十位模特儿）、年轻男子与小孩，并请实验者为这些人的美丑打分数。最后他将测量和评量结果与古典标准做比较。当然，他的研究不能说是绝对周全，但确实提供了不少有趣的信息。简单地说古典标准并不精准，其中很多条件根本不重要，例如耳朵与鼻子的相对角度。有些条件根本是达不到的理想，研究对象中没有一个人的脸或头可等分为二、三、四等份。还有些条件是不正确的，美丽的人两眼间的距离都大于古典标准。法克斯的研究结果不表示美丽的脸绝无法符合古典标准，但确实让人怀疑古代艺术家无法完全掌握人体美的基本特质。他们追求的是数学的理想，这又与宗教哲学对世界起源的解释若合符节。

我们显然无法根据测量系统拼凑出美的典范，普遍性的审美标准也不符合杜瑞手指的比例，当然这没什么可讶异的。仔细观察你会发现，美可能是这些标准的混乱组合，与生物学的关联比数学深得多。

美是神圣或罪恶?

　　人类从来没有一贯的美学观，有时崇拜美，有时轻蔑厌恶。柏拉图认为美使精神力得以展现，纯粹的美非人力能及，感官的美则是纯粹美的模仿。美与真理、正义一样是柏拉图式的纯粹形式，世间的事物无法呈现，只能让人一窥纯粹形式的样貌。在柏拉图眼中，美就是具备这种唤醒美感幸福的神奇力量。托马斯·曼 (Thomas Mann) 在《威尼斯之死》 (Death in Venice) 中提到，只要能让世人看见，所有的美德都能引发崇敬之感："只有美这种精神形式是我们能透过感官察知的。如果神性、理性、道德、真理也都能透过感官呈现在眼前，人类会变成什么样子？是否会被爱燃尽立即死去，就像神话中塞墨勒 (Semele) 在宙斯面前一样？"有了基督教以后，人们的美学观变得更不确定。教会领袖也在摸索恰当的因应态度，圣克莱蒙 (St. Clement) 说："肉体非善，信神的人必须克制肉体的诱惑。"拉丁学者杰罗姆 (Jerome) 也认为肉体应该被"征服"。基督教教义要追随者摒弃世俗的诱惑与无常，而美就是被视为感官的诱惑、世俗的浮华，应该惧而远之。然而美也受到尊崇，那是上帝恩典的象征。创世纪说男人是依上帝的形象所造，容貌如神，愈美丽愈接近神。意大利神学家托马斯·阿奎拉 (Thomas Aquinas) 说："美是上帝的杰作，不管是宇宙或万物"，所谓杰作就是"模仿造物主心中的构想而造"。犹太教与基督教的美学观一直痛苦地徘徊在诱惑与上帝的荣耀之间，努力寻求和解。杜瑞有四本书探讨人体的比例（他死后1528年出版），以阿波罗堕落前的亚当与耶稣为完美的代表。他们的完美来自神性，我们这些凡人的不完美则是失去上帝恩宠的象征。

　　人类的美学观常常和内心深处的灵肉冲突纠缠不清，于是身体被赋予各种不同的解释：神圣的殿堂、囚牢、不朽灵魂的居所、痛苦的折磨、世俗快乐的园地、生物的躯壳、机器、归宿。要探讨我们对人体美的态度，不能不先了解我们投射在肉体上的复杂意象。

心理分析认为我们对身体一直遗留有羞愧感，弗洛伊德说："有些冲动是目的压抑型的，爱美就是最典型的例子。"也就是说，美源自性兴奋但这兴奋必须自源头移开。"看到性器官总是让人兴奋，但值得注意的是性器官本身从来不被认为是美的。"他说，过度沉溺于美是一种病态的自恋。就像受虐与被动，自恋主要是女性的问题，用于掩饰女性容易产生的羞愧与无价值感。

过去寻求整形手术的人最后往往被诊断有精神方面的问题——沮丧、歇斯底里、偏执、自恋，男性尤其如此，因为男性注重外表被认为比女性病情严重。过去二十年来"健康的"整形手术病患大幅增加，这可能反映出整形手术渐为主流价值接受，以及病患的多元化。也可能反映出现代精神医学的改变，他们不再认为改善外貌是不健康的需求。心理分析师约翰·盖多（John Gedo）最近提出一个大胆的看法，认为整形手术与透过精神分析改善性格没有多大不同，目的都在改造自我。精神治疗师彼得·克拉玛（Peter Kramer）认为整形手术可与"美容的精神病药物学"相比拟，例如服用百忧解不只可治疗沮丧，也可用以改变性格，让自己觉得"比没生病更健康"。

美的演化

　　人体美无疑是非常丰富的议题，奇特的是社会科学从未参与太多讨论。本书引述的很多研究都是出现在20世纪70年代以后。嘉纳·林赛 (Gardner Lindzey) 1954年出版的《社会心理学手册》（*The Handbook of Social Psychology*）是一部探讨社会互动的巨著，其中＂身体因素＂类只列了一项。研读20世纪60年代末以前的心理学或人类学著作，你会以为身体因素对人的态度、感觉、精神生活完全没有影响。为什么社会学对人体这么没有兴趣？

　　原因之一是社会学对与生俱来的生物现象没有兴趣。正如人类学家约翰　杜比 (John Tooby) 与心理学家利达·柯斯麦 (Leda Cosmides) 指出，过去一世纪发展出来的标准社会学模式 (SSSM) 视心理为一张白纸，由环境与社会涂上色彩，心理本身仅具备观察及了解环境的基本机制。这个模式将生物学与文化因素区分为二，忽略前者，只注重探讨文化的影响。本世纪的社会学模式不只是学术的，还有政治与社会的根源。

　　人类学家唐纳·赛门斯 (Donald Symons) 说，要听懂一个人说的话必须先了解他所争论的对象。20世纪20年代有人主张某些种族、阶级、女性等天生较低等，遂有文化相对论兴起，在美国尤其盛行。他们提出行为主义的证据，宣称后天环境的奖惩可以大幅改变人的行为。行为主义之父约翰·华生 (John B. Watson) 说：＂给我十二个健康的婴儿，用我的方式教养他们，我保证可以随意挑选任何一个婴儿训练成任何一种专家——医生、律师、艺术家、商人，当然也可以是乞丐、小偷，不论他的才能、性向、志愿、种族。＂

　　标准社会学模式也是援引各种证据证明人类行为的可塑性，并认为绝大部分行为是从经验习得的，玛格丽特·麦德 (Margaret Mead) 关于萨摩亚女孩性开放的描写就是这种基调。也因此，社会学家对美的一贯思考是＂见仁见智＂。观察人类装饰品的种类与变化，从拉长脖子的颈环到牙齿涂色嘴唇镀金，社会学家认为

美是个人品位或文化制约的产物。

林赛提出社会学忽略人体美的另一个因素——过去学者曾尝试建立身体与行为的关系（骨相学、面相术等），但都遭遇严重挫败。下一章将探讨这类研究，指出其缺乏科学证据及散布迷信的问题，可以清楚了解为什么很多学者迫不及待要划清界限。达尔文便几乎深受其害，老鹰号的船长和同时代的很多人一样，都受到《谈面相术》一书的影响，相信可以从面相看出人的性格。达尔文在自传中说：“船长对面相深信不疑……看到我的鼻子便认定我一定没有足够的体力与毅力完成旅程。”心理学家李斯利·莱布维兹（Leslie Zebrowitz）说：“伟大的进化论几乎因一个不恰当的鼻子而埋没。”

社会学家不重视人体美，认为既琐碎又不客观，总之是不适合作为科学研究的主题。但是到20世纪60年代末，林赛开始提醒同侪“不应忽略形貌学……应适时将美及其他形貌变数纳入社会现象的研究范畴。”其后三十年，学者竞相投入相关研究，提供很多重要证据，建构新的人体美学观，推翻了过去视美为文化发明的论点。

同时期科学家对人类行为与文化的关系也开始产生质疑。利达·柯斯麦、约翰·杜比、杰洛米·巴可（Jerome Barkow）等人指出：“文化并非毫无根由、独立存在，而是人脑的资讯处理机制经由繁复细致的运作形成的，这些机制又是进化过程细腻形塑的结果。”也就是说，文化不是无中生有，而应该是因应人类基本本能与好恶的产物。20世纪60年代以前学者都以为语言的差异是没有道理也没有限制的，但现在语言学家都同意差异之中有共同的文法。同样的，过去总以为不同文化有不同的脸部表情，其间的差异没有规则，直到心理学家保罗·艾克曼（Paul Ekman）提出异中有同的观念。他特别厘清了两个不同的概念：一是表达情绪的脸部表情，如微笑、皱眉、怒容等，这部分是共通的；一是表现情绪的规则，这部分则是因文化而异。同样的道理，人体美丑的判断可能受到文化与个人因素的影响，但引发美感的五官特征可能是相通的。

当然，这并不是说人类能察知其审美观背后的进化原理，也不是说后天学习与文化因素对我们的审美观毫无影响。19世纪诗人彼德莱尔说美有两个构成要素：一是永恒不变的因素；一是随环境变化的因素，包括年代、时尚、道德观、情感等。他质疑"有人能指出任何美的事物而不包含这两大要素"。

将美学纳入生物学的范畴，美学分析的时间架构也随之完全改变。最近有一些女性主义的美学论述，如娜欧米·伍尔夫（Naomi Wolf）的《美的迷思》（The Beauty Myth）被卡蜜儿·佩利亚 （Camille Paglia） 等人批评为缺乏历史观，因为书中只关注本世纪的美学意象，忽略了人类文明已有几千年的历史。佩利亚认为美的观念源于古埃及，本书认为可以推溯到更久更久以前，早在人类有男女之别时对美就已有察知和反应的能力。

正如柯斯麦与杜比所说："人类要建立一个适应环境的机制需时甚久，缓慢到你无法想象——就像你无法想象石头如何被风沙雕琢，小小的改变就可以耗费数十万年的光阴。"人脑是冗长的历史与消逝的生活方式雕琢出来的，人类历史有99％的时间是过着少数人结队打猎采集的生活。要了解人类的本能，我们必须把时钟倒转，让脑子回到原来的生存空间。

下文会探讨视美为生物调整结果的论点，这个论点很简单：美是人类共通的经验，能够带来快乐、凝聚注意力，使人采取行动以确保基因存续。我们对美的高度敏感是根深蒂固的，由自然淘汰所形塑的脑部构造所控制。我们喜欢看光滑的皮肤、乌亮浓密的头发、纤腰、对称的身体，是因为在进化过程中注意到这些信号并产生追求欲望的人成功繁殖的几率较大，而我们是这些人的后代。

当然，这些信息现在已被化妆品、整形手术、衣着所扭曲。性吸引力的吊诡也很难让人释怀：当男女在一起的大部分时间都在防止怀孕的年代，我们的性倾向竟然还受制于古老的规则，一心追求最具繁殖潜能的异性身体。还有那令人困扰的逻辑：女人要彼此竞逐男人，但男人的脑子就是有一个机制要被适婚的少女吸引。然而这些并不是有意识的过程或适当的选择，而是昔日生活方式遗留下来的生物现象。这个现象可以抗拒吗？我们对美的反应也许是不自主的，但思想与行为毕竟是人可以控制的。

本书第二章将开始进入美学的讨论，首先讨论最不具争议的部分：婴儿为何让人觉得可爱到无人可以抗拒。接着再谈到较具争议性的问题，父母为何对漂亮的新生儿较有感情。最后我们将讨论关于新生儿的一些研究，即使只有三个月大的婴儿也会花较长时间凝视美丽的脸孔，显见分辨与偏好美丽的事物是与生俱来的能

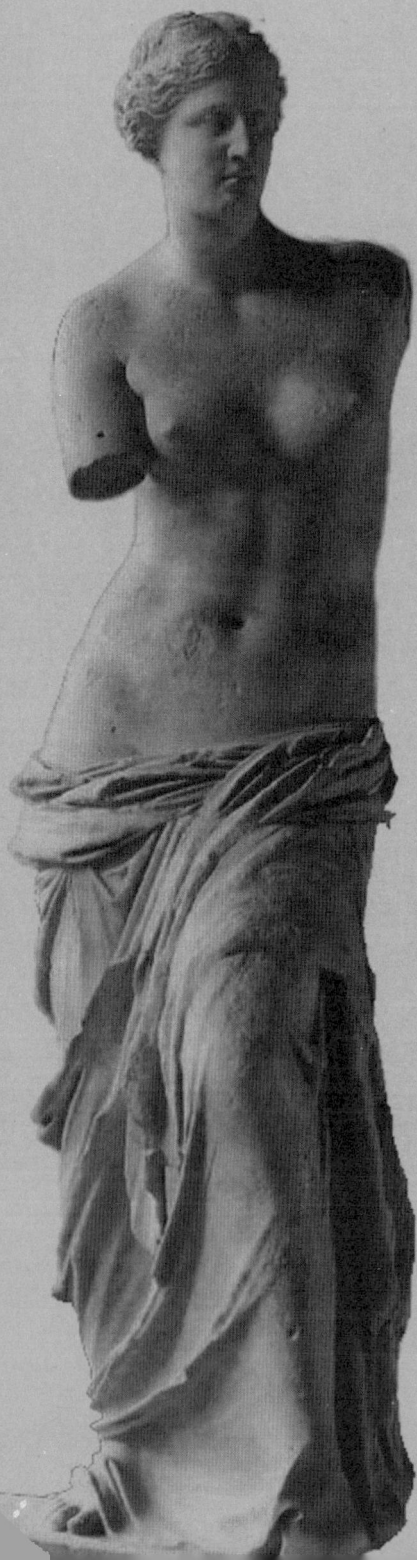

力。在相关研究中这可以说是最具震撼力的一项。

第三、四章检视美在日常生活中的强大影响，美影响我们对他人的观感、态度与行为。经济学家大卫·马克斯（David Marks）认为，美是一种社会力，和种族性别一样影响深远。我们常听到种族主义、性别主义，但容貌主义（美丑偏见）却多在无意识中进行。书中提到的研究突显出一些较极端的美丑偏见。人们愿意投资数十亿美元在化妆品与整形手术上，原因只有一个：在这个容貌攸关生存价值的世界，这些产业确实掌握了世人所好。

也许多数人自认已不相信"美就是善"，然而美丑所造成的不平等待遇是很容易证明的。从出生到成人，漂亮的人总是得到较好的待遇与正面的评价，而且无论男女皆然。漂亮的人较易找到性伴侣，在法庭上较易得到宽恕，容易得到陌生人的帮助。漂亮带来的社会与经济优势虽然不多却很具体，不漂亮的人遭受的不平等待遇也是同样真实。然而漂亮的人是否就比较快乐？答案可能会让你意外。

第五、六、七章将探讨美丽的本质。世界上很多美丽的事物，从孔雀的尾羽到夜莺的歌声，都是求偶的信息，突显出拥有者的生理。人类也不例外，能显示适婚、生殖力、健康、设计良好的才是美丽的。表现在身体上又是如何呢？人类学家与心理学家都认为，美丽的脸孔是人口中的平均数，亦即显示出最中庸的特征。但进一步的研究发现，中庸虽美，最美的却是在一些可预见的小地方偏离中庸。此一"过度为美"学派认为就像孔雀的尾羽，人类也是以夸饰来宣示自己的健康。

还有一些研究结果也很令人讶异。例如说对称与比例（尤其是腰臀比）其实比体重更能侦测一个人的美丑，当然极胖或极瘦的人例外。文中将略为探讨媒体与饮食失调症的关系。美国有三分之一以上的人过胖，而且还在持续稳定增加，显见纤瘦美人的风潮并未带动整个社会瘦身化。媒体天天出现的超瘦美人也许会造成很多人对自己的身材不满意，但饮食失调症恐怕有更复杂的原因。

有些人可能会说，美的心理物理学会让人更相信确实存在"一种美的典范"，其实不然。此一理论只能预测脸与身体的某些几何比例或夸大是美的，某些特征则是公认不美的。但美的具体表现可以多样到让人眼花缭乱，绝不是一律瘦竹竿型。

接着我们会浏览一下时尚的变迁与狂热。尽管时尚多变而人们追求时尚的热度永远不减，时尚却从来不是往更美丽的方向走。事实上最受欢迎的时尚最后可能变得很滑稽，不久便沦落到二手货商店。我们会探讨时尚背后的两大推手——性与地位，以及时尚如何反映美学、个人及社会因素。

最后我们探讨的是美与人类生活的关系，先检视人类其他非语言的沟通方式（如嗅觉），再扩展及其他生活层面。

女性主义者或一般好思考的男女对美都是抱持怀疑的眼光，认为美可以是优势，也可以是劣势或牢笼，使人看不到你内在的本质。女人尤其渴望她的整体性获得认可。美丽也许是百分之百的优点，但美丽带来的社会效应——美丽的人易被骚扰，不美的人被歧视，内在美被忽略等却绝对是负面的。

如何享受美丽的生活，让美回归快乐的本质，这是21世纪文明的课题。女性面对的挑战正反映出远古社会的进化遗续与现代文明的扞格，当然，解决之道绝不是放弃美丽，毕竟自有人类以来这快乐与力量的泉源就一直与我们同在。

$\mathcal{M}$

美貌就是最有力的推荐信。

——亚里斯多德

我一再强调美丽赋予人权力与优势……在人际关系中，美是最具影响力的。美丽引人注目，使人受惑而先入为主，深印脑海难以动摇。

——蒙田 (Michel de Montaigne)

然而我禁不住要倾听他说话，因为他俊美如朝日。

——凯瑟琳大帝

人们对孩童有种天真的幻想，以为他们对美毫不在乎。听听看校园里孩子们如何彼此嘲笑——蟾蜍、四眼田鸡、胖子——你的印象会立刻改观。孩童深受美的吸引。摄影家理查德·阿维顿（Richard Avedon）最早的作品是9岁时拍的，主题是7岁的妹妹露伊丝。妹妹的美真正地让他刻骨铭心——他将底片贴在肩膀上，经阳光照射印在皮肤上。妹妹的杏脸、黑发、大眼、细颈成为艾登心目中美的原型，他后来拍摄的女性照片都是露伊丝的翻版。

孩童很早就有美丑的概念，然而他们的审美观是如何形成的？一般认为是透过后天的文化熏陶形成的。最开始可能是父母灌输给他们某些品位，然后是同侪基于叛逆心理加以修正，最后由流行文化微调而成。作家罗宾·莱科夫（Robin Lakoff）及雷廓·夏尔（Raquel Scherr）在《脸的价值》（Face Value）一书中说："美并非立即或直觉的判断，应该是从小的训练才培养出美丑的分别。"

心理学家茱蒂丝·蓝洛斯（Judith Langlois）则持相反看法，认为审美观是与生俱来的，婴儿就有辨别美丑的能力。她收集了数百张人脸照片，先请成人评断美丑。之后她又拿照片给三到六个月大的婴儿看，发现婴儿凝视较久的照片正是成人觉得较美的。值得一提的是这些脸孔涵盖各种人，包括男人、女人、婴儿、非洲人、亚洲人、白人等。也就是说婴儿不仅能辨别美丑，而美丽的脸孔必然有某种超越种族、年龄、性别的共同特征。

蓝洛斯指出，婴儿会受美丽但陌生的脸孔吸引。当然，婴儿的成长完全仰赖母亲照顾，对母亲的依恋不会因其美丑而增减。事实上，美女的孩子并不具特别的审美观。也

就是说，不论母亲外貌如何，婴儿凝视美丽脸孔的时间都较久。

十年前蓝洛斯开始这项研究时，一般并不认为审美观是与生俱来的。想到婴儿睁着审美的眼睛看世界就让人不安：怎么连婴儿也注意美女？然而除了蓝洛斯的研究以外，确实有愈来愈多的证据显示婴儿有一套普遍的感官偏好，譬如说他们喜欢对称的图案胜过不对称的，喜欢柔软的触感胜过粗糙的触感，四个月大时便偏好和谐的音乐。心理学家杰洛米·凯根（Jerome Kagan）与马歇·任纳（Marcel Zentner）让婴儿听不和谐的曲调，婴儿都嫌恶地皱起鼻子；凯根等二人认为这是人类偏好和谐乐音的最早的征兆。人可以经学习喜欢不和谐的音乐，但那是后天培养的品位。

婴儿很注意人的脸，出生后十分钟左右就会注意人的脸部轮廓，第二天会辨识母亲与陌生脸孔的不同。第三天更会模仿脸部动作——对着婴儿伸舌头，他也会对你伸舌头。婴儿很快就会适应对他生活有关的重要事物，尤其是提供他生存保障的人。

婴儿凝视脸孔时几乎都是专注在眼睛上，并且能得到丰富的信息。眼睛与眼周边肌肉的动作，瞳孔大小的变化，眼睛是否有光彩等都能表达细微的感情。两眼之间的距离与脸骨结构有关，是最恒久的视觉印记，就像指纹一样每个人都不同。电脑化脸部辨识系统特别对眼睛判别的能力最佳，优于以鼻子或嘴巴为单一判别标准。这也是为什么自古以来就有人戴眼罩掩饰身份，就像14世纪的唐璜及20世纪的独行侠。

注视一个婴儿，他也会看你，并且微笑。如果你继续看他，他也会继续看你，时间大概比你长三倍。有些动物如兔子、鹿等有三百六十度的视野，人类和鹰豹一样只专注凝视心中所想的事物，这也是为什么婴儿出生就能觉察别人的注目，也可以解释人眼的特殊构造。一般动物的巩膜会随着年龄变暗，唯有人类终身都维持白色。眼白可以帮助我们测量眼睛注视的方向，并可以从他人注目的焦点评估对方的想法。

像狮子之类的猛兽可以在一里外看到猎物，猎物就算能看到狮子的眼白也于事无补，因为那时候可能已命在旦夕了。但人类紧密生活在一起，彼此唇齿相依，眼神便成为很有用的沟通工具——可以传达侵略、恳求、爱意等信息。

新生儿的喜恶其实是成人喜恶的雏形，我们长大后仍然喜欢对称、和谐、柔软，仍然会注意别人的脸，会察觉别人的注视。三个月大的婴儿会注视美丽的脸孔，长大后仍然会被美女吸引，会因外貌而坠入爱河。婴儿会注视成人眼中的美丽脸孔，足证某些审美观并非后天文化熏陶的结果。

可 爱

　　婴儿也是成人研究的对象。早在五十年前，人类行为学家康拉德·罗伦斯（Konrad Lorenz）就指出，婴儿的五官能引发一连串的温柔情感。确实，婴儿天生就有惹人爱怜的配备：柔软的皮肤与头发、大眼睛、瞳仁多于眼白、脸颊丰润、鼻子小巧、头大而四肢玲珑可爱。婴儿的存亡系于他人的照顾，难怪要具备难以抗拒的吸引力。

　　婴儿所引发的感情是自发的，甚至任何酷似婴儿的事物都惹人怜爱。玩具制造商与卡通画家很懂得人类的这种心理，米老鼠在20世纪30年代刚问世时长得温文轻盈，佛瑞德·亚斯坦（Fred Astaire）在电影《高帽子》（*Top Hat*）里的造型便被形容为〝人类中的米老鼠〞。但后来的半世纪里米老鼠却有返老还童之势，眼睛和头部愈变愈大，四肢则愈来愈短胖，几乎完全模仿婴儿的比例。迪斯尼的小鹿斑比更是夸张地突显婴儿般的高额头及圆圆的眼睛。

　　可爱的外形其实是生物发展上的偶然，婴儿的脑部与神经系统发展较早，眼睛几乎就是成人后的大小，四肢则会随年龄长大许多。大眼睛与小手本质上并没有什么美丽，但婴儿的构造就是能引发我们最温柔的感情。就好像小鸡身上有条纹，小狮子有斑点与环状尾纹，小猩猩有白色尾巴，人类的婴儿也要借由大头大眼小鼻圆润脸颊来显示他的无助。研究猩猩的专家珍·古德（Jane Goodall）发现，小猩猩只要尾巴一直有白毛就不会被攻击，似乎这是警告成年猩猩不可攻击的生物记号。也许人类幼年的可爱外形也有同样的作用——避免被攻击。

　　英国维多利亚女王育有九名子女，她说过：〝丑陋的婴儿是最可厌的。〞也许她只是反映出那时代对整洁与礼仪的特殊重视，对多数人而言，没有一个婴儿是丑的，就好像所有的小狗所有的新娘都是美的。婴儿都是可爱的，至少对婴儿的父母而言是如此，而且从出生那一刻就觉得可爱无比。安娜·昆兰（Anna Quindlen）说：〝古谚说上帝把婴儿造得那样可爱，就是为了让任何人都不忍伤害。这种说法在清

© Walt Disney Productions

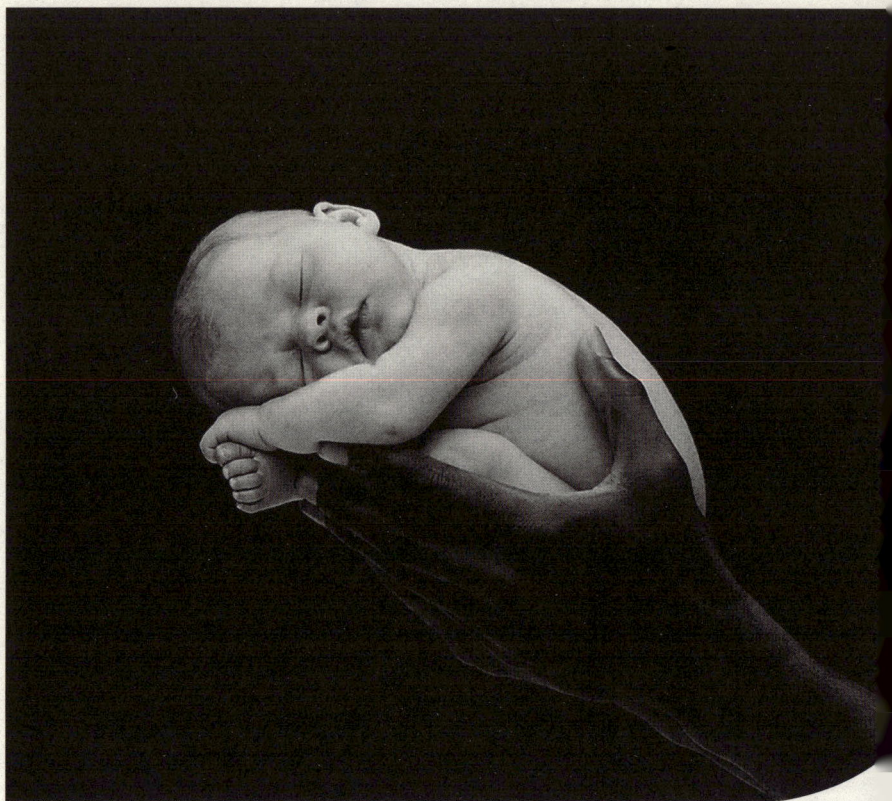

晨时分尤其让人产生共鸣。

然而母亲在孩子出生后几天却可能出现略不相同的反应，而且是与孩子的外貌有关。心理学家分别在婴儿出生后几天及三个月后录下母亲的行为，发现最漂亮的婴儿获得最多的注意，母亲花最多时间抱他、凝视他的眼睛、对他说话，旁人必须特别费力才能唤起这位母亲的注意。至于比较不漂亮的婴儿呢？母亲会花较多时间照顾婴儿的需求（擦汗、拍背、查看调整睡姿等），母亲的注意力较易被转移。这些母亲还不至于忽略孩子，只是情感似乎较保留和理智。

专家并未请母亲为孩子的外貌打分数，这样做恐怕太逾越人情。不过他们问了一些关于孩子的状况与照顾上的问题，结果发现不漂亮婴儿的母亲比较会抱怨压力大、时间不够、精神差、担忧经济问题等。这些差异到三个月时大致消失，但漂亮婴儿仍然受到较多注意与关爱。

人们很容易评断出哪一个婴儿最可爱，这也是为什么会有婴儿选美比赛。漂亮的婴儿有一定的典型，或者只是比标准的婴儿比例稍微夸张一些，总之要能惹人怜爱。所谓丑婴儿就是缺少这个特质，因而看起来年纪较大，早产儿与其他不健康的婴儿常会给人"较老"的错觉。把这些婴儿和足月生产的婴儿两者照常混合，会让人觉得较麻烦而脾气变坏，较少人愿意主动去照顾。事实上，不漂亮的孩子还可能有更悲惨的遭遇。曾有人就加州与麻州接受法院保护的受虐儿做调查，发现极高比例的孩子都不漂亮。并不是说他们比一般孩子邋遢或阴郁，而是头部与脸部的比例看起来较不可爱。很可能这些孩子的长相无法像婴儿般惹人怜爱，因而较易沦为受虐儿。此外，老成的脸也可能让人误以为较能照顾自己。证据显示，很多受虐儿的父母确实对孩子有不切实际的期许。最后一点，受虐儿的相貌易给人健康状况不佳不易存活的印象，就像早产儿一样。

在动物界也有类似的情形，看起来健康的幼雏较能得到妥善的照顾。美国有一种深灰色水鸟叫大鷭，幼鸟有鲜橘色羽毛，喂食时秃顶会转为鲜艳的红色——这是幼鸟乞食的明显征兆。研究人员将幼鸟的橘色羽毛剪掉，发现母鸟转而优先喂食色泽鲜艳漂亮的幼鸟，明显忽略看起来较不健康的幼鸟。

人类也有类似的现象。心理学家珍娜·曼（Janet Mann）研究美国高危险出生时体重不足的双胞胎，发现孩子八个月大时，母亲明显较偏爱双胞胎的其中之一，会花较多时间抚抱说话玩耍。受宠的不见得是比较会说话会笑会黏母亲的，但绝对是比较健康的。一般而言，母亲给双胞胎的喂食与基本照顾约略相当，但在两个极贫穷的家庭里，双胞胎中较不健康的一个受到严重忽略。珍娜　曼的结论是，母亲无意识地会偏爱存活机会较大的婴儿，这是进化过程中强化母亲繁殖能力所发展出来的机制。

这牵涉到有限而不确定的资源如何分配的问题，一个母亲必须敏于观察婴儿的健康情形与存活几率，在不危及自己与其他孩子的前提下做最有效的投资，才能达成繁衍的任务。这不是冷酷的计算，而是务实地避免悲剧的发生。

今天的父母已不再面对这种令人心碎的两难抉择，他们有相当丰富的资源可以投资在最危险的婴儿身上。然而仔细观察会发现，原始的进化机制余威犹存，父母们依旧偏好健康的婴儿，对典型的大眼小鼻脸颊丰润的婴儿最是爱不释手。远古时代里，婴儿的外貌是预言存活几率的第一征兆，并因而决定父母是否要投入一生的爱。

父亲最知道

保留地付出。别忘了，婴儿出生后几天里相貌是最重要的，这时父母都认为自己的孩子是最好看的。除了父母以外，其他家族的人也会仔细端详孩子究竟长得像谁。通常孩子一出生，母亲便会断定他长得像父亲。

心理学家玛戈·威尔森（Margo Wilson）与马丁·戴利（Martin Daly）曾以问卷调查数百位新生儿的父母亲戚，发现多数人都声称孩子长得像父亲。在很多家庭里，这甚至是所有人异口同声的共识。

戴利与威尔森的解释是：母亲百分之百知道孩子是自己的，但父亲总要冒点被骗的风险。在 DNA 验证发明以前，父亲只能靠两种方法确认：母亲的忠诚度以及婴儿的外貌。五官的遗传成分很高，强调婴儿酷似父亲能驱走他心中的疑虑，激发对婴儿的情感与投资意愿。健康与可爱就能让母亲爱心满盈，对父亲而言还不够，从孩子脸上看到自己的影子才能激发强烈的父爱。

南太平洋的特洛布雷昂群岛的人相信，让女人怀孕的不是精子，而是神灵。但孩子的长相还是被认为与父亲（母亲的丈夫）较相似，指称孩子长得像母亲甚至是不礼貌的行为。

戴利与威尔森指出，世界各地的父亲对于孩子像不像自己都很敏感，全世界的母亲也都会努力让丈夫相信孩子非常像他。这种行为可能是自发性的，有些社会的男人对怀孕原理一无所知（如前述特洛布雷昂群岛），仍然有此现象。戴利与威尔森认为，父亲希望孩子像自己的心态有其黑暗面。举例来说，如果家中有一个小孩被虐待，通常都是最不像父亲的那个。再以领养关系为例，准父母觉得孩子长得像自己时，领养较容易成功，戴利等人认为这一点对养父尤其明显。

当然，娃娃脸总是讨喜的。女人与小孩看到婴儿照片时瞳孔都会不自主放大。每个人都会赞同婴儿是可爱的，很少人会怀疑婴儿的可爱是为了确保生存而演化出来的结果。从婴儿身上我们看到人对美的反应是自发的、无法抗拒的，美的经验很早就开始，而且深植心中。

外貌与真相

如果我们能一直保留婴儿期令人怜爱的样子，生活必然会顺遂许多。然而，长大后我们便失去这个保护层，成人的美固然是一大优势，可惜只有少数人能享受到。

以貌取人是社会上最普遍但也最常被否认的偏见，人们总是说外表不重要，但每一个行销主管都知道，包装与形象的重要性绝对不亚于产品本身。我们不只因事物的外表而产生愉悦或不快，也相信可以从中得到若干信息。人脑的构造本来就不能轻易分辨表面与实质，内心深处多数人还是相信两者间有些许关联。小孩子尤其难以分辨，心理学家曾经让小孩看一只松鼠，然后刮去松鼠的毛涂上浣熊的颜色，小孩立刻相信那是浣熊，完全迷惑于外表而忘记了本质。

人类如此重视外表其实有进化上的理由，有时候外表确是判断好坏的合理甚至唯一依据。譬如说果皮有斑点皱褶代表已太过成熟，绿色代表还不够熟。生物学家乔治·欧瑞安（George Orians）认为，某些风景普遍受人喜爱似乎是因为能带给人安全庇护的感觉。欧瑞安与茱蒂丝·西尔维根（Judith Heerwagen）共同进行一项研究，请画家、园艺家、摄影师等人选出美丽的风景。发现广受青睐的风景有几项共同点：大树、看得到地平线、水、高低落差、数条向外的通路。地理学家杰·艾波顿（Jay Appleton）解释说，这样的风景既有景观又有安全感，人可以从一个安全的所在观测外面的世界。

我们的眼睛希望从别人身上看到什么？几百年来人们总以为可以从脸孔看出一个人的性格，托尔斯泰感叹："美即是善？这错觉完美得让人惊奇。"我们会发现，美与善完全无涉。

善良的外表

有人认为肉体美是灵魂美的证据，这个观念可远溯及柏拉图，他相信世俗的美是理想美的反映。希腊诗人莎孚（Sappho）也说："美即是善。"文艺复兴的人文学者再度将这个观念发扬光大，费西诺（Marsilio Ficino）将美比喻为"善的花朵，因花香诱人，潜藏内在的良善才能为人所见……若没有外表的引领，我们永远无法得知事物隐藏的美好，更不可能产生欲望。"意大利作家卡斯蒂里欧尼（Baldassare Castiglione）在1561年写道："美是神圣的……丑恶的灵魂绝少藏驻在美丽的肉体里，因此外在美是内在良善的明证……可以说就某种意义而言美即是善，尤其是表现在人体。依我所见，肉体美正是源于灵魂的美。"社会学家安东尼·辛诺（Anthony Synott）认为这种观念"是生物学与神学的神奇结合，将亵渎与神圣，性与上帝并称。"他们沉醉于肉体的美，却称之为灵魂的崇拜。

丑陋代表不好、疯狂或危险，畸形、丑陋、疾病同样被视为愤怒的上帝加在身体上的烙印。卡斯蒂里欧尼说："通常丑陋就是邪恶。"16世纪时弗朗西斯·培根（Francis Bacon）说："畸形的人……（如圣经所言）乃缺乏自然的眷顾。"

从亚里士多德开始，人类就尝试从脸部特征看出一个人的性格。1586年意大利自然学家与哲学家乔凡尼·戴拉·波塔（Giovanni Della Porta）写了一篇《面相学》（De humana physiognoma），尝试整理出人的肉体与灵魂的对应关系。他的基本信念很奇特，认为看起来相似的东西必然相似。每一种动物都有其特质，由此推论，与特定动物相似的人也就具有相同的特质。譬如说驴子愚蠢，骡子顽固，兔子胆小，牛很笨，猪又脏又贪婪。依据戴拉 波塔的说法，长得像驴子的人行为也像驴子，长得像狐狸的人也差不多是一只狐狸。

从柏拉图以降，希腊雕像通常被视为人类理想的脸型。希腊雕像的一大优点是不像任何畜生，和兔子、山羊、猿猴、青蛙等都没有丝毫相似处。从这个定义来看，阿波罗雕像堪称美的典范。阿波罗雕像于1496年左右在罗马被发现，年代

约为公元前320年，艺术史学家称之为"意大利文艺复兴的极致表现"。

18世纪哲学家黑格尔认为，希腊雕像"绝不只是单纯的形式，而是美这个观念的具体而微……可以说是最堪作为精神表现的脸部结构。"黑格尔自有一番逻辑，他认为希腊雕像鼻梁高挺，使思想中枢（额头）到脸部形成延续的线，让观者的注意力集中在脸的上半部，而非较偏感官的下半部。

18世纪荷兰艺术家兼解剖学家佩特鲁斯·坎珀（Petrus Camper）发明了一种测量脸部角度的方法，从耳到口画一水平线，从额头最突出点到上颚最突出点（通常是上唇）垂直画一线，两条线的交叉点就是脸的角度。这是最早被广泛用以比较不同种族头骨的方法，不过坎珀最初的目的是以此作为美的量化标准。坎珀认为古希腊雕像理所当然是美的典型，他说："谁不认为阿波罗或维纳斯的头像是最美的，远胜过世界上最美的男女？"依据坎珀观察，古希腊头像的脸部角度是一百度（相对笔直），一般人则约为七十到九十度。猴子、狗和其他动物的脸部角度小于人类，一般人又小于希腊雕像，坎珀由此认为他找到了美的角度——一百度。他测量各种族的脸部角度，发现由小而大依序是猩猩、猴子、非洲黑人、东方人、欧洲人，最后是希腊雕像。也就是说，欧洲人最接近美的典范，非洲黑人最远；后来又有一个瑞士牧师发布一套脸部角度计算法，从青蛙排到阿波罗像，同样认为欧洲人最接近美的典范。

欧洲人提出这套比较法则来证明欧洲人是最美的，因为脸部角度最接近希腊神祇，性格与智商自然也是最好的。这种论点常被用来作为文化与种族优越的借口。事实上阿波罗像当然不会比一个英俊的非洲人更美，外表不等于事实，类比不能证明什么，种族意识显而易见是肤浅的错误观念。科学家现在相信人与人的差异和种族没有多少关系，同族之间的差异超过异族之间。基因差异能以种族因素解释的不到7％，同族之间的基因差异反而较大。相似的人可能有着不相似的外表，外表相似的人也可能个性上南辕北辙。使人与人疏离的不是种族差异，而是种族意识。

现在我们已经知道单从外表很难判断一个人的智力、品格或灵魂。如果像特

蕾萨修女这样的伟人必然有着美国小姐的脸孔，这个世界当然很公平，外表也可做判断的依据。问题是没有人看得出圣人或罪人的外表特征。有时候我们会把人的五官和动物相比拟，例如说眼睛像鹿的眼睛，但这只是外形近似，并没有其他意涵。一个人的个性与品格还是要观察其言行，所以说外表的美是"肤浅的"，"外表美仅止于外表"。

不过实际上不见得如此，美丽的人常常能享受较宽大的待遇。我们容易因外表的美丑骤下断言，例如认为肥胖的人必然比较懒惰或贪婪。理智上我们知道美与善不见得能画上等号，行为上却常忽略理智的提醒。

天生不平等

　　姑不论美是否等于善，美丽似乎总能把旁人善的一面带引出来。一位心理学家做过研究，请七十五位大学生观看美丑不等的女性照片，请问他们愿意为哪一位女士做下列事情：帮忙搬家具，借钱，捐血，捐肾，游泳500米去救她，冲进燃烧的房子里去救她，甚至帮她摆脱恐怖分子的手榴弹威胁。谁能让这些大学生甘冒风险发挥利他的精神？答案是美丽的女人，唯一迟疑的是借钱。

　　这项问卷虽然是假设性质，但实验发现实际生活上美丽的人至少在小地方比较吃香。例如有一项研究请一位美女和一位丑女走向电话亭，问正要打电话的人退币孔是否留有一块钱（确实有一块钱）。结果87%的人会退钱给美女，但只有64%的人会退钱给丑女。另一项研究是轮胎漏气在路边等待援助，结果美女也先得到援助。

　　有趣的是，美女即使不被喜欢，仍然较容易获得帮助。有一项实验请美女和丑女对男士的工作表现赞美或批评，结果男士最喜欢美女赞美他，最不喜欢美女批评他。但不管喜不喜欢，男士还是最乐意帮助美女。正如心理学家所观察的，美丽会吸引人，即使无缘亲见也无损其吸引力。另一项实验故意将数份大学申请书遗留在底特律机场，申请书完全一样，但张贴不同的照片。实验结果照片漂亮的被寄回的几率较大。

　　有趣的是人们比较不愿意请漂亮的人帮忙，无论男女对漂亮的异性都是如此，尤其男士最不乐意麻烦美女，女性倒是比较不介意麻烦帅哥。但正如进化心理学家利达·柯斯麦（Leda Cosmides）及约翰·杜比（John Tooby）所说的，谁为谁做了什么，其实大家心里都很清楚。我们会去取悦漂亮的人而且不求立即的回报，这无异强化漂亮的优势，就像出生在富贵之家一样。所以作家吉姆·哈利生（Jim Harrison）认为，美丽是"天赋不平等"。

　　正因美丽与地位有着密切的关联，也因此谈论美丑的问题总不免掺杂情绪反

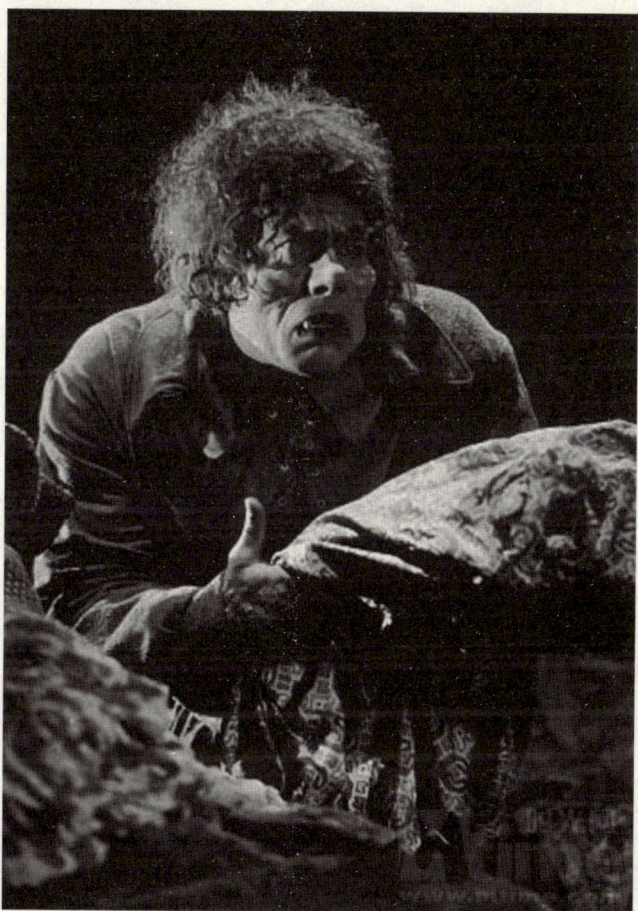

应。我们不是废除贵族，重订公平的游戏规则才有民主社会的吗？于是我们很容易就相信美丽也是民主的——同样可以凭努力与金钱而得到。如果美丽能赋予一个人优越的地位，那也应该是建立在努力与成就基础上，而不是与生俱来的。历史学家洛依丝·班纳（Lois Banner）追踪"20世纪初美丽专家的民主言论"，其论点简单地说就是"每个女人都可以是美丽的"。班纳认为这种论点很危险，无异替女人标列一个达不到的理想。例如雅诗兰黛的广告词："世界上没有丑女人，只有懒女人……只要你有强烈的意愿再加上选对产品，你也可以是美丽的。"吊诡的是这类言论不自觉地将美与善画上等号，觉得自己不够美的女人现在不只对外表不满意，还要觉得自己可能太懒太消极，或缺乏某种可自然散发出来的内在美。

美丽是一种地位

　　每个人在行止之间都在界定属于自己的空间，未经允许任何人不得擅入，超出一分就会觉得不舒服。高大的人享有较大的空间——高度本身就足以令人慑服。一般人会和陌生人维持一定的安全距离才不会不自在，据研究高个子的安全距离大概58公分，矮个人约25公分。但不论个子高矮，极漂亮的人都可享有空间较大的特权。

　　漂亮的人也比较具有说服力，并容易成为别人吐露秘密的对象。基本上，漂亮的人可以享受的优势包括：别人会取悦他，对他让步，告知八卦消息，轻易被他说服，甚至狭路相逢也较易退让。

　　但话说回来，也许不是因为漂亮，而是自信，也许他们的说服力源于智慧或个性魅力。事实上，漂亮的人确实与人相处时较自在自信，对别人的负面意见比较不会畏惧，相信自己能掌控人生，比较勇于表达自己。有一项研究非常有趣，被研究对象与心理学家进行访谈，访谈到一半心理学家因故被同事请了出去。如果受访者耐心等待，中断时间约长达10分钟。漂亮的人平均等待 3 分20秒便会起身询问，不漂亮的人平均等了 9 分钟。这两种人对自我表达的评价并无明显差异，但漂亮的人就是觉得自己应该得到更好的待遇。人的行为常能将预言自我实现。一个漂亮的人如果别人总是顺从他同意他对他特别好，当然就会自认拥有特权。让一个人感受漂亮的人所享受的待遇10分钟，他的行为就会产生改变。心理学家做过一个实验，让素未谋面的男人和女人在电话中聊天。心理学家会拿美丑不一的照片给男人看，让他以为是谈话对象的照片。很有趣的是，当男人以为她很漂亮时，女人说话时会变得活泼而自信。当男人以为对方是美女时，说话会更用心、大胆、性感而风趣，从而带引出女人大胆性感的一面。也就是说，当别人觉得你是个漂亮的人，你就会表现得像个漂亮的人。

　　漂亮的人所享有的尊贵地位是旁人赋予的，我们以为漂亮的人拥有我们渴望的东西，而且可以帮助我们得到这些东西。

美之为物/美的诱惑

天赋不平等，
期待也不平等

一般人总以为漂亮的人做什么都比较行，从开飞机到性能力都高人一等，婚姻幸福，工作顺利，心理健康。凡是一般人想得到的好事，似乎漂亮的人都拥有更多而且更乐在其中。

这种期待从小时候便开始发酵。研究人员请密苏里四百个班级的老师观看一位五年级学生的成绩单，内容包括德智体群出席率，但附上美丑不一的男女学生照片。尽管成绩单内容详细记录学生的行为与表现，照片仍旧会影响老师的观感。老师总预期漂亮的学生比较聪明合群，麻烦的是漂亮的学生确实得到较高的分数。但若是去除主观评分，只看考试分数，外表的优势便不存在了。

美女花瓶虽然也是一种刻板印象，但实际上一般人认为漂亮的男女是比较聪明的，男性尤其如此。不管何种职业，漂亮的人的工作成绩也较易得到正面评价。研究发现，成绩平平的人最能够因外表而获益，成绩优异的人也有加分效果——社会心理学家称之为光环效应。

即使经过这些分析，我们还是很难相信美丽的外表里包藏邪恶的灵魂。凯伦·狄翁 (Karen Dion) 是最早研究漂亮外表对人的影响的专家，她做过一项实验，请成年实验者评价一件事：一个 7 岁的孩子故意踩狗的尾巴或向其他孩子丢雪球。如果被指恶作剧的孩子长得很漂亮，大人的态度会比较宽容，相信他一定有什么原因或苦衷，而且不相信他以前做过或以后会再犯。至于比较不漂亮的孩子则容易被视为未来的少年犯。

其实成年人也是如此，不管是偷东西、考试作弊或犯下重罪，漂亮的人都比较容易脱罪。首先他们比较不易被告发（因为不被怀疑），即使被告发了也不易被控告或处罚。警察、法官、陪审团不只会评量前因后果与被告过去的行为，还会打量嫌疑人的长相，心想：这么漂亮的人会做出这种事吗？正如老师会因学生的长相有不同的期待，法官与陪审团也难以避免，碰到美女时尤其无法免疫。

有时候漂亮的外表也会产生反效果，这多少还是和预期心理有关。譬如说一般刻板印象中的骗子多是油嘴滑舌的金光党（通常是男性），或是电影中常见的黑寡妇，一步步逼近毫不知情的被害人，谋财害命。当你被指控是骗子时，漂亮就成了一项负担。人们会认为漂亮的人才有骗人的本事，而且应该为滥用美貌而受罚。

　　在生活各个领域里美丽都是一项优势，但多数研究都发现，所谓的优势并不是很大的优势，只能算是轻微到中度。一般的研究都是比较极美和极丑的人，但绝大多数的人是介于两者之间的。研究结果不只显示出美的优势，也显示出不美的劣势，事实上不美的惩罚甚至超过美的酬报。

外貌与性

在两性关系中，外表的重要是毋庸置疑的。人们对漂亮的人有很多预期：应该是很受欢迎，与人相处较自信自在，性生活应该比较活跃主动，经验丰富多彩多姿。男性预期美女性欲高昂，喜欢变化。一般人也都认为，俊男美女应该有很多约会，恋爱次数较多，性经验开始得较早。

前面说过，漂亮的人确实在与人相处时较自信自在，虽然这可能只是自我实现的预言，即使是 4 岁的小孩子都偏好和漂亮的人交朋友。到了男女交往的年龄，漂亮的男女都比较受异性欢迎，约会与恋爱的机会较多，较易吸引别人注意。友谊可就不一样，美女尤其不易被同性接纳，甚至美女彼此也有互斥的现象。

假想你在和一个漂亮的陌生人谈话，突然一个更漂亮的陌生人走进来，很可能前面那个人立刻显得暗淡了些——心理学家称之为"对比效果"。男人似乎比女人更易受到对比效果影响，让男人观看超级美女的照片后，他对姿色平平的女人便比较没兴趣。若是看性感女体更会破坏男性的判断力，在一项研究中，男性看了以后对先前感兴趣的裸女兴趣减低，有些人甚至对老婆的爱意也减低了。当然人的情感不太可能仅凭一张照片就动摇，但这些男性的反应至少证明美女图的短暂魔力。我们每天都有机会比较不同的脸孔，每个人都看过成百上千张脸孔，但裸体不一样，全裸或半裸的身体毕竟很少见，我们只能从媒体上看到少数的裸体，可能因此对何谓美丽的裸体（甚至一般的裸体）有不正确的想象。

可能因此女性通常不喜欢让伴侣看色情图片，美女易被同性排斥应该也与此有关。每个人都希望凸显自己好的一面，至少不要输给同性，当然也就不希望站在火炬旁让自己黯然失色。

南美有一种葛比鱼，公鱼颜色鲜艳，喜欢靠近颜色比自己不鲜艳的公鱼。科学家做了一个实验，让部分公鱼可自由游到母鱼身边，部分则被隐形的障碍物阻挡而无法亲近母鱼。另外一群公鱼先在一边旁观，最后再放入池中自由活动，结

果发现这些公鱼都喜欢靠近那些看似被拒绝其实是被阻挡的鱼，显然也是为了制造"对比效果"。

美丑与性生活的关系又是如何呢？事实上俊男美女的性生活确实较丰富多彩，性经验发生较早，不过就女性而言这并不等于性伴侣较多。根据科学家兰迪·宋希尔（Randy Thornhill）与史帝芬·耿基斯达（Steven Gangestad）的研究，英俊的男士较容易让女伴与自己同步达到高潮。很有意思吧！不过很抱歉这里要暂时打住，第六章讨论对称身体时会再回到这个有趣的话题。总之，种种研究显示英俊的男士确实能享受较多乐趣，至少在床上是如此。

漂亮的人不见得性技巧特别高超，但确实有较多的机会，而且可以轻而易举成为伴侣幻想的对象。前面的电话实验显示，伴侣的怂恿鼓励会让人变得更活泼迷人。或许也是因为如此，有些人在与伴侣做爱时会把对象幻想成更漂亮的陌生人。

关于美女俊男的研究，一个有趣的结论是很多典型特征同时存在于两性身上。美貌对男女同样是优势，只不过程度上女性的优势更大，外表所造成的负担也是男女皆然。比较大的差异是男性似乎较易以貌论性，例如认定美女性方面较开放、自信、性趣勃勃，女性则比较不会单从外表骤下判断。

男性的想法也许是一种策略：开放又有性趣的女性比较容易追求，对男性是比较有利的。其实男性的策略还很多，例如男性较易将友善的姿态解读为性趣与诱引。男性比女性渴望更多性伴侣，若是能将很多信息解释为对方有兴趣，当然就有了一亲芳泽的正当理由。即使这种做法只能开拓少量的机会，毕竟还是提高了男性的繁殖优势。

不管是成人、小孩、男性或女性，漂亮的人总是被寄予较高的期待。在性与爱情里美丽确实扮演着极重要的角色，下面会进一步探讨这方面的优势。前面已列举美貌的诸多优势，再谈美丽是否使人更快乐似乎有些多此一举，不过我还是会提出来讨论。

一个人很努力想要做出一点成绩，然后却有某些混球跑来跟你说："把墨镜拿下来，我们要看你漂亮的蓝眼睛。"实在很让人沮丧。

——保罗·纽曼

要创造一种东西对美极度敏感，最适当的莫过于性，性赋予人盲目强烈的本能，使他的身体与心灵不断靠向另一个人，以选择及追求伴侣为一生最重要的职志，使两个人合而为一，成为人间至乐，视情敌为最大寇仇，孤独为永恒的忧伤。

——乔治·桑塔雅纳

我为何不能歌颂你的美丽，若不是美丽也许我永远不会爱上你。

——济慈

美的优势

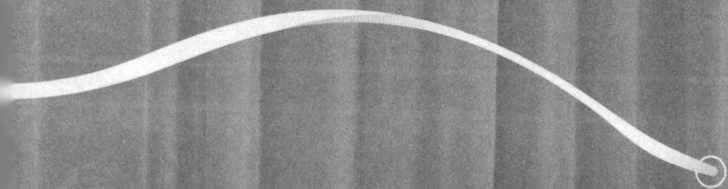

在动物界，鲜艳的羽毛与硕大的身体装饰是性成熟的表征，动物总是把最艳丽的色彩保留到求偶时才展现。毛虫转变成蝴蝶，孔雀到繁殖期开展出令人目眩的彩屏。花儿是最美的停机坪，诱引昆虫散布花粉：几乎就是植物世界的性工具。综观整个自然界，美丽是性与繁殖的前兆。

人类到青春期时细瘦的身体会发生变化，开始出现新的形状和曲线。男孩的声音变低沉，皮肤变暗，肌肉变硬，脸上出现明显的下颚和突起的眉骨。女孩皮肤变光亮，臀部因雌激素的分泌变得丰厚，身体逐渐累积生育所需的多余脂肪，储存在胸部与臀部，原来的细长身形逐渐走向沙漏的形状。

纵观人类的历史，大部分人类都是在青少年期发生性关系，20 岁以前生下第一个孩子；青少年期的大事就是求偶。至今在世界上很 地方依旧如此。 理学家苏珊·弗雷泽（Suzanne Frayser）研究 454
传统文化，发现新娘最常见 年龄层是 12 到 15 岁，新郎则是 18 岁。

这个年龄的女孩有着超乎自然的美。超级名模克丽丝蒂·托灵顿（Christiy Turlington）13 岁被发掘，凯特·摩丝（Kate Moss）14 岁，拉娜·透娜（Lana Turner）15 岁成为毛衣公主。哈莉·葛莱利（Holly Golightly）18 岁时被形容有一张"超越童稚而尚未成为女人的脸孔"，一种界乎天真与成熟的边缘。青春期是发现潜在配偶如何对自己回应的时期，无怪乎

Kenny Tsui
Collection

心理学家玛丽·派佛（Mary Pipher）说："这个年龄对身体的执迷程度超乎想象"，青少年对外表的过度要求与专注是尽人皆知的。

我们对身体的执迷并不仅止于青春期，我们一生都被当作潜在的配偶来评价。达斯汀·霍夫曼在《窈窕淑男》一片中反串女人，他不只努力让自己像女人，还要像个迷人的女人。然而他并不算太成功，这个经验给他不少省思："如果我在派对中遇到我自己，我一定不会想认识她，或约她出去。说起来有点感伤，我明白我错过了多少美好而真正有意思的女人……"

每个人都可以幻想一个理想的伴侣，现实生活中我们受到种种限制，但想象力可以无穷发挥。专门贩卖幻想的《花花公子》和《玩伴女郎》里充斥着年轻貌美健康的女郎，这类刊物的读者90%以上是男性。罗曼史小说也是广受欢迎，占了40%的大众阅读市场，不过这些以永恒的爱情为主题的小说大致都以女性为目标。只消看一眼封面就知道这类小说也是视觉幻想的温床。超过五千万册罗曼史小说都是以法毕欧（Fabio）为封面，他是米兰的模特儿，身高190公分，体重100公斤，一头长长的金发，古铜肤色，宽厚的胸膛。法毕欧第一次出现是在1986年，从此之后就经常在罗曼史封面上袒露胸膛。目前他的日历销售直逼辛蒂·克劳馥，另外还设置了九〇〇线电话提供恋爱建议。

在现实生活中你不必是白马王子或当月玩伴才

能吸引异性，但最初的火花确实与外貌息息相关。社会心理学家伊莲·海菲德（Elaine Hatfield）与苏珊·史布雷区（Susan Sprecher）认为，"爱情初萌芽时外貌恐怕是最重要的因素"。海菲德从20世纪60年代开始从事外表吸引力的研究，研究动机是在举办一次大学毕业生舞会之后兴起的。她将其中一半的人依据"社会条件（智力与个性）"配对，另一半则随机配对。然而她发现前者并不比后者快乐，问题究竟出在那里？她注意到外貌的问题——凡是和漂亮的人配对的，不但很满意而且都拿到对方的电话号码。二十年后又有心理学家为一百位男同性恋办配对舞会，发现所有的人不论美丑都想认识最漂亮的人。

以貌取人的现象举世皆然。1990年心理学家大卫·巴斯（David Buss）访问了37种文化不同的一万多人，年龄从14岁到70岁，访问主题是寻找配偶的条件。结果发现善良是一致受到重视的特质，但漂亮与肉体的吸引力也都高居前十大重要特质之列。

西方文化一向被诟病过度重视肉体的美，但从巴斯的研究看来，西方与北美之外的国家超过三分之一的人高度重视配偶的外貌，甚至超过美国大学生。巴斯等人发现，一个文化对配偶外貌的重视程度取决于两个因素：寄生虫疾病是否普遍以及对超级名模是否熟悉。寄生虫疾病很普遍的国家对配偶的外表非常重视，光亮的毛发与皮肤、坚实的肌肉显然是健康的保证。

类似的现象在动物界屡见不鲜。生物学家威廉·

汉密尔顿（William Hamilton）与马林·鲁克（Marlene Zuk）研究数百种鸣禽，发现羽毛最艳丽的鸟来自寄生虫疾病最严重的族群。乍听之下似乎有些矛盾，但从进化的逻辑来看，这类族群在进化的压力下必须突显其基因的强健，鲜艳的毛色正是区分健康与否的最明显征兆。一只重病的孔雀不可能有足够的营养维持艳丽的尾毛，正如缺乏蛋白质与铁剂的人不可能有浓密光亮的发色。在疾病蔓延的群体里，极端地炫耀外表有助于寻找最健康的配偶，很多新热带地区的鸟类就有这种现象。

多数人最后所选的配偶并不是发色最亮丽皮肤最光滑的，倒是夫妻脸的几率较大。正如一项名为《美国人的性》的调查所说的："在人群中看到一个陌生人并一见钟情，这样的情节并非不可能，但你注意到的那个陌生人可能跟你长得很像。"换句话说，配偶的美丑约略相当。愈漂亮的人将来的配偶可能愈漂亮，这大概是努力让自己好看的另一个动机。

女人较爱美？

　　减肥的女人多于男人，饮食失调症的患者中女男比例为九比一。根据美国整形手术学会1996年的调查，动过美容手术的会员89％是女性。会去染发、买衣服、戴首饰、化妆、搽香水、为了美丽勉强穿不合脚的鞋子——全部都是女多于男。

　　原因有两个：第一是为了男人。男人比女人更重视伴侣的外貌，长期以来男人一直自以为如此并诉诸言语表达。1939年一项调查问到配偶外貌的重要，以0～3分为范围，男人重视程度是1.5，女人是0.94。1989年专家又做了同样的调查，结果男女对外表的重视程度都提高了，但比例维持差不多——男性为2.1，女性为1.67。

　　调查中发现几乎所有文化层的男性都比女性注重外表。２０世纪50年代，生物学家克里兰·福特 (Clelland Ford) 与法兰克·毕区 (Frank Beach) 研究发现，在近２００种文化中，男性比女性重视肉体吸引力。1990年大卫·巴斯研究37种文化，发现其中34种有同样情况。在印度、波兰、瑞典，男女无明显差异，但没有任何一个国家的女性比男性重视外表。

　　男性是数十亿美元的色情工业最大的消费群。根据美国色情协会报告，成人书店与电影院的主要顾客是"中产阶级中年白种已婚男性"。男性裸体照也有其市场，不过消费群不是女性而是男同性恋。女性杂志在20世纪70年代曾刊登男性裸照，但后来停止了。《玩伴女郎》(Playgirl) 做过一项问卷调查，发现只有四分之一的女性读者非常喜欢看男性裸照。谣传《玩伴女郎》主要读者群是男同性恋，不过杂志方面否认。

　　女性从来无法像男性那样沉溺于色情产品，因为色情产品直接撩拨的是男性的欲望——一夜情、快速的性、视觉的刺激。男性比较会幻想陌生的性伴侣，甚至在同一次幻想中变换多个性伴侣。一个男人一生在想象中通常有过数以千计的性伴侣，女性则倾向以认识的人为性幻想对象。所有的性研究都显示，与陌生人发生性关系的幻想与实际的可能性对男性的刺激超过女性。

结果是男性花很多时间盯着女人看，而女人比较喜欢看的反而是女性杂志里的美女——似乎女性对自己的竞争者较感兴趣。唐纳·赛门斯（Donald Symons）甚至认为，女人比较喜欢看色情片里的裸女而非裸男，仿佛是"要效法别人使用工具的技巧"。

征婚或征友广告也可看出个中玄机，刊登广告的人不知是有意还是无意，总是迎合对象的性偏好。"女求男"的广告最常提到自己的美貌，其次是"男求男"，可能性最低的是"女求女"。基本上凡是寻求男伴的都会吹嘘自己的美貌，不管征求者是女性或男同性恋。寻求女伴的则比较会提到诚恳、友谊、经济稳定，诚如一位婚姻中介业者所说的："男人只看照片，女人看实际内容。"

赛门斯认为同性恋的关系很可以看出两性心理学的演进，同性恋代表的是最纯粹的性关系，不掺杂异性恋为满足对方所做的让步与调整。譬如说男同性恋同样重视伴侣是否年轻貌美，这显示重视美貌不能单纯解释为对女性的物化与贬抑。反过来看，女性不论同性恋或异性恋虽然也重视外表，但比较不认为是择偶的重要条件。

所谓伴侣还有短暂关系和长久情感的区别，无论男女都认为前者的外貌更重要。但因为男性普遍较女性渴望更多露水姻缘，对美貌的要求几乎便成了反射动作，尤其对短暂的伴侣更是极度重视外貌，而女性也相差不多。长久的伴侣又是如何呢？若以 0 分（不重要）到 3 分（不可或缺）来衡量，美国男性评量长久伴侣的外貌重要性为2.11，女性为1.67。综观37种文化都存在此种两性差异——男性平均为1.86，女性1.47。差距看似不大，但在统计上与心理学上都有一定的意义。两性都不认为配偶的外貌是不可或缺或完全不重要，两性都要求对象的外貌，但男性的要求更高。

年轻的爱

　　肉体美就像运动能力一样，都是在年轻时达到巅峰。极致的美很少见，即使有也几乎都出现在35岁以前。我们说时间偷走美丽，其实时间只是无法停驻在身心最巅峰的时刻。很多人苦苦追求美丽，也就是要将这短暂的时刻延展到永恒，让青春永驻。诗人叶慈说：＂衰颓的老年……紧随不舍，如同绑在狗尾上。＂若是能捕捉青春的活力装在瓶中该有多好！人们不只是希望心灵上常葆年轻，也渴望身体能够不老。

　　岁月的无情对两性而言同样是＂五月的嫩蕊禁不起狂风骤雨＂，但女性显然更急于抓住青春的尾巴，原因之一是迎合男性对年轻女性的偏好。这是有研究根据的，而且无论同性恋或异性恋的男性都偏好年轻性伴侣。异性恋女人偏好年纪稍长的伴侣，女同性恋则无特殊喜恶。男女第一次婚姻的典型年龄差距是男长女2至3岁，根据美国1996年的调查，女性第一次结婚平均年龄24.8岁，男性27.1岁。

　　男性30岁以后开始迷上年轻女性，第二春的妻子平均较新郎年轻5岁，第三任妻子则可能年轻8岁。男性偏好年轻女性的原因可能是缅怀自己失去的青春，渴望扮演父亲的角色，喜欢掌控等。但从统计资料来看可能只是因为年轻女性生育能力最强。

　　媒体上塑造的男性形象几乎可以不受限制地满足性偏好。好莱坞电影《我爱小麻烦》中将53岁的尼克·诺特和27岁的茱莉亚·罗伯兹配在一起。《布尔华斯》(Bulworth) 一片中61岁的华伦·比提和29岁的哈里·贝瑞 (Halle Berry) 配对。好莱坞认为男人在任何年龄都可以当爱情片男主角，而且可以饰演比实际年龄年轻的角色（没有人会太注意他们脸上的皱纹和龙钟的体态）。虽然女人比男人用心保持年轻，但好莱坞自有一套适婚年龄的标准。女星一旦到了35岁就只能饰演比实际年龄大的角色，她甚至不能演35岁的角色。电影《毕业生》演的是老女人勾引20岁小伙子的故事，实际上女主角安班·克劳馥不过36岁，达斯汀·霍夫曼已经31

岁。《麦迪逊之桥》描写中年男女的罗曼史，起初45岁的梅莉·史翠普要饰演同龄角色还遭遇相当阻力，后来是因其他年轻女星都不适合才轮到她。克林·伊斯威特以65岁高龄饰演52岁男主角，倒是没有引起什么争议。男人的才华与明星魅力可以盖过年龄的考量，女人却不行。拍电影与看电影的人似乎对文艺片女主角都有固定的形象要求，外表的年轻则是其中之一。

大卫·巴斯（David Buss）在《纽约时报》为文谈到荧幕上的男女老少配：“男人到某种时候确实会丧失吸引女人的特质，但恐怕要等到困坐轮椅或缠绵病榻。”他说的可能是模特儿安娜·妮可·史密斯嫁给89岁坐轮椅富翁的故事。不过那毕竟是极端的例子，一般的配偶年龄差距约在8岁以内，无论男女都易受健康的伴侣吸引。女性的确较喜欢年纪稍长的男性，但她们在意的是对方是否有足够的资源并且愿意投资在她和孩子身上，这方面的吸引力与年龄并无直接关系，真正在意配偶年龄的还是男性。

Julia
ROBERTS
Nick
NOLTE
I Love TROUBLE
TOUCHSTONE PICTURES
CARAVAN PICTURES
NANCY MEYERS / CHARLES
JULIA ROBERTS NICK NOLTE "I LOVE TROUBLE" SAUL RUBINEK ROBERT LOGGIA JAMES REBHORN
BRUCE A. BLOCK PAUL HIRSCH A.C.E. DEAN TAVOULARIS JOHN LINDLEY NANCY MEYERS

往上嫁

　　爱美嫌丑的心态若不会影响现实生活，倒也无关紧要。但事实证明我们的人生抉择会受外貌影响，中学最漂亮的女生将来结婚的几率是最丑女生的十倍以上。漂亮的女孩通常是"往上嫁"，亦即嫁给教育程度与收入高于自己的人。但我们却无法从男人的长相预测他将来是否会结婚，或将来配偶的经济能力。依达尔文主义的说法，姿色中下的女性持有的是繁殖棍棒较短的一端。没有结婚或下嫁的女人养育健康下一代的几率相对较低，中学的经验往往跟随女人一生，也许就是因为其中确有几分宿命的意味。

　　高智商的女人在结婚市场上似乎讨不到什么便宜，最近有人针对威斯康辛州一万多名男女做调查，发现没有结婚的女性比结婚的女性智商要高。

　　美丽的女伴能够提升男性的地位。当你看到一个男人和美丽女人的合照时会有什么想法？答案因两人的关系而定。研究发现，当你以为两人是男女朋友时，你会觉得男人更聪明、自信、可爱。正如米兰·昆德拉所说的："女人找的不是英俊的男人，而是身旁有漂亮女人的男人。"英俊的男伴对女性的形象有什么影响？答案是零，没有人会觉得她更聪明或更可爱。

　　美丽的女性在婚配市场上占有较大优势，这也反映在很多商品形象的市场。几乎在所有行业里，同样的工作女性的收入仅及男性的七成，唯一相反的是身体展示的行业。根据1994年《富比士》杂志调查，收入最高的前三位女模特儿是650万美元（辛蒂·克劳馥），530万美元（克劳蒂·雪佛），480万美元（克莉丝蒂·托灵顿）。收入最高的男模特儿仅及十分之一，不具知名度的男模特儿薪水约为同级女模特儿的一半。

　　美貌是女人最具替换力的资产，可换取社会地位、金钱，甚至爱情。然而这项资产系建立在会随年华老去的身体之上，而容颜的凋落快速如花，可以说成也萧何，败也萧何。美貌最容易用来换取男性的注意力，原因显然是能激起男性的欲望。有趣的是美貌也可用来换取女性乃至孩童的关注（英俊的男性也有同样的优势，只是程度略逊）。原因应该是美貌可转换成人们渴望的其他东西，如财富、人际关系、追求者等。

Diana

嫉 妒

前面说过女人注重外貌的理由有二，一是为男人，一是为女人。女人的眼光和男人一样锐利，甚至更为严苛。追究根本原因是女人为男人而彼此竞争，正如男人彼此竞争的根源是为了争夺女人。科学作家麦特·瑞利（Matt Ridley）认为，男人与女人会彼此塑造，也会塑造同性里的地位关系："潘蜜拉·安德森·李是男人塑造出来的，正如拳王泰森是女人塑造出来的。"世代的男人都喜欢妖娆的女人，世代的女人都喜欢壮硕的男人，自然淘汰的压力总是让我们如愿以偿。

女人会为了外貌些微的瑕疵而折磨自己，但就是禁不住要和其他女人比较。看到比较漂亮的女人便心生嫉妒，潜意识里尝试扳回劣势（她一定很笨或很肤浅，很贱或很无趣）。卡蜜尔·佩里亚（Camille Paglia）在麻省理工学院演讲时便嘲弄这种态度："在美女面前我不觉得自己矮人一截，也不会怨叹自己永远不会变得那么漂亮，这种心态太可笑……男人看运动比赛时不会怨叹自己不如别人跑得快生得壮。有谁看了米开朗琪罗的大卫像后自杀的吗？明白我的意思吗？"这个观点很有趣。一方面女人羡慕漂亮的女人，效法其风格，赋予女性世界里较高的地位。另一方面女人又会嫉妒美女，而嫉妒总是减损乐趣，因为嫉妒就是对自己喜欢的东西怀抱敌意。

为什么会有自贬与嫉妒的心理？因为每个女人总是在不知不觉中成为选美比赛的候选人。无论这种比较是多么荒谬，与个人目标相去多远，与其才华是多么不相干，女人永远在互相比较，而且永远觉得自己不够美。希拉里的发型与检察官玛莎·克拉克的裙子受到媒体的注意超过其言行。奥沙纳·贝欧（Oksana Baiul）虽勇夺溜冰金牌，对自己的长相并不满意，上镜前总是要特别化妆。她的对手，银牌得主南西·凯瑞根（Zancy Kerrigan）则在一旁窃笑。恐怕一般人也都有同样卑劣的想法：贝欧的技术也许比较高明，但还是南西漂亮。

男人有较大的自由在各种领域较量，运动员、政治人物、企业老板可不会去争夺环球先生的头衔。但如果你请一位政客或运动员谈谈他的对手，你会发现言语中的嫉妒不下于女人谈论彼此的外貌。嫉妒永远是为了争夺最重要的资源，对女人而言外貌是其生命中很重要的角色。亚里士多德·欧纳西斯说："如果没有女人，拥有全世界的财富也没有用。"成功的战利品是性，对女人而言成败仍是系于外貌。

女人的外貌竞争是很惨烈的，正如法兰·莱柏维兹（Fran Lebowitz）所说的，多数女人面对嫉妒的态度是"难过、愧疚、自责并伤害他人。男人则能认清嫉妒的本质就是成功的象征，从中获得激励"。消费文化将选美比赛带到狂热的程度。我们不会去和成就遥不可及的人比较，但比赛的基本概念就是任何人任何事都是可以达到的。罗素说："嫉妒是民主的基础。"然而当一切都显得可以实现时，会让很多人陷于终究无法满足的渴望状态。罗素写道："如果你渴望荣耀，你可能会嫉妒拿破仑。然而拿破仑嫉妒恺撒，恺撒嫉妒亚历山大，而亚历山大，我敢说一定嫉妒神话中的大力士。所以人不可能光靠成功而避开嫉妒，因为在历史或传奇中总有人比你更成功。"

今天很多女人都会拿天生的外貌和百中选一的模特儿比较。这些模特儿有着超乎寻常的美貌，但媒体仍坚称透过努力与特定产品可以同样臻于至美。过去我们只会嫉妒邻居，因为邻居是我们唯一认识的人。其实那是比较愉快的时代，要赢得一条街的选美比赛毕竟比追赶世界顶尖模特儿要容易得多。

美的生物学

不管男女都很在意情人的外貌，只是男人更甚。何以故？答案是性。性的生物目的是繁殖，不是享乐或表达友谊或灵魂交流。人的每一次性行为都有些许繁殖的机会，由此观之，性可以永久改变世界，为世界制造一个全新的生命。

人类是如何让彼此知道自己是适当的配偶？我们的祖先很早就已发展出解决的方法。所谓生物讯号与异性相吸的求爱讯号不同，前者很容易判读，心理的讯号则复杂许多。如果人类的祖先没有一套侦测机制辨识健康有生产力的异性，人类可能早就绝迹了。达尔文谈到两性的吸引与情爱，认为"其终极目的比人生任何事都重要"。他所指的显然是下一代的繁衍，族类的延续，或者依现代进化论者的说法，基因的存续。

人类也像花草动物一样，将生命寄居在一个既实用又美丽的形式。有的兰花外形酷似雌黄蜂，吸引雄蜂迷迷糊糊地与其交配。白色的花通常香气浓郁（想象茉莉与栀子花做成的香水有多浓烈），而且夜晚最香。色白、夜晚飘香，因为这些花要靠夜晚活动的昆虫传递花粉。足见每一种生命都会针对特定对象调整其样貌。19世纪有些神学家相信花朵之所以美丽是上帝提供人类愉悦的礼物，现在我们知道这是多么荒谬的想法。加勒比海域热带鱼是为了彼此争妍斗艳，绝非为了让潜海的人赏心悦目。

人类性信息的展示基本设计就是要激发欲望，而这也是性之魅力所以无法抵挡的秘密所在。美貌是一种语言，生物学上具有宣示自身为适当配偶的功能。这种说法听起来似乎太不浪漫，但是在性与生殖逐渐分道扬镳的20世纪末，这未尝不是对人性本质的提醒。

作家乔伊丝·温纳（Joyce Winer）做过不孕症治疗，治愈后反而经年必须避孕，她感慨地说："如果20世纪60年代是要性不要孩子，90年代则是要孩子不要性。"现代人的性生活是享乐成分远超过生育目的，很多新生命的孕育是发生在医院诊疗台或妇女在家量体温进行的。然而，即使性永远和生育画上等号，一个

人一生中也只会和极少数人发生性关系。但人类的脑子不是地球村的产物，而是部落时代的遗迹。在那个时代没有节育的观念，平均寿命是40而不是70，婴儿与小孩夭折率奇高。那个时代人类有一套很务实的生物机制，能够自动侦测每个人成为配偶的适当性。至今我们对陌生人仍有窥伺的欲望，对某些脸孔与身体会不自觉有性反应，甚至希望有进一步认识的机会。

　　人类外形类似，但个别的细微差异极大。诸如皮肤毛孔大小、光滑或多毛、有无斑点、松紧等。头发有粗细多寡之分，身体的高度，脂肪分布，五官大小形状都有差异。这些都是我们选择的素材，当然，你不会因为某人的唇型或腰线而决定和他交朋友，但却可能因这些特征而被他吸引。当我们接近一个潜在配偶时，这些最细微的差异都逃不过我们的注意。

生育女神

　　有人说男性的凝视永远是在搜寻目标。心理治疗师罗伯·史托勒（Robert Stoller）形容"多数文化的多数男性都有轻微的色情恋物欲"。男人喜欢讨论女人的美腿、波霸、臀部，津津乐道各种部位到巨细靡遗的地步。进化心理学家的解释是：吸引男性的其实是女性健康、有生育能力、不曾生育过等征象。

　　男人为何在意女人以前是否生育过？唐纳·赛门斯提出两个理由，第一是男人要独享女人的生育能力，让她只为他一人生育。第二个理由较复杂，牵涉到头胎与生育能力的关系。人类99%的历史中是没有节育能力的，女人生了头胎后通常便不断怀孕与哺乳。赛门斯与玛姬　普拉菲（Margie Profet）计算发现，女人约有99%的时间无法怀孕，若以16到42岁为生育期计算，一个女人有六年的时间在怀孕，十八年的时间在哺乳，喂奶期无法排卵，因此这个女人只有26个排卵周期，每一周期三天。也就是说，8030个日子里可怀孕的日子只有78天。这个计算也许稍嫌夸张，因为年轻女子因喂奶而抑制排卵的时间可能较短（数月而非数年）。无论如何，在本世纪发明避孕法以前，要找到一个女人为你生育，最好的方法是抓住未曾生育的少女。也许男人就是因此特别偏好未达生育巅峰期（20岁）的少女，那就好像在就业以前先签订一年的合约。

　　雌性动物的生育能力是至死方休，人类则不然，因此年龄的标记就成了繁殖能力的表征。女人的生育巅峰期是20到24岁，30岁以前都还很旺盛，到接近40岁时衰退约30%，之后更是急遽衰退，到50出头时可能便进入更年期。男人的情形大不相同，到94岁时还能自然生育。你无法从外观看出一个男人是否有优质的精子，至少目前还没有办法。男人不像女人一样把生育能力标记在身体上，这项差异应该是男人偏好年轻女子的唯一理论基础。

　　对于希望40岁怀第一胎的女人而言，更年期是残酷的限制，如果这个女人不想怀孕但希望像20、30岁时一样吸引异性，更年期也是不小的困扰。苏珊　桑塔

格（susan Sontag）认为要女人承认年龄是一种"小小的折磨"，不只男人在乎女人的年龄，女人自身对年龄问题也是"抱持双重标准"。于是乎，人生经验愈久对女人而言似乎不是骄傲，而是耻辱。模特儿罗伦·哈顿（Lauren Hutton）一语道尽模特儿行业的现实："当你的卵巢停止生产时，你也要准备退休了。"

然而大象和乌龟都可以有60年以上的排卵能力，人类为何不能？也许某种基因突变可能改变卵子的生命，不过，这种情形尚未发生。生理学家杰瑞·戴蒙（Jared Diamond）相信更年期在生物学上有其策略意义，女人的生育机制系遵循"寡而精"的原则。婴儿很长一段时间是完全无助而依赖的，稍长后虽非完全无助但仍须依赖大人。有时候不生育反而能带给女人更大的保障——她才能妥善照顾已生下的孩子，不致使有限的资源过度稀释或因难产死亡。

拜医学进步之赐，现代的女人到60岁还可以生育。停止排卵的人可以移植别人的，荷尔蒙不适于怀孕的可以人工技术改善。一位遗传学者向我预言，十年后会有很多年轻女性取出健康的卵子冷藏保存，留待年纪较大后再来怀孕。

这些发展是否改变了人的审美品味，不再注意女人身上的年龄与生育能力的标记？如果这是个纯粹理性的世界，答案当然是肯定的。然而人类是进化的产物，品味会改变，知识会更新，直觉的本能却不可能一夕改变。看看人们对美貌的狂热追求以及模仿青春的庞大商机，显然我们仍受同样的特质吸引。人性诚然难以改变，欺骗人性更是容易。随着健身、整形手术的普及与美容科技的进步，现代女人即使50岁也可望似20岁，模仿年轻正是美容事业的最大目标，而且做得很成功。1996年美国片酬最高的女星黛咪·摩尔在《脱衣舞娘》一片中几乎裸裎演出，已经生育三个孩子的她仍拥有少女的身材。

男人也许无意让女人怀孕，甚至费尽心思避免，但他脑中的配偶侦测机制仍运作不辍，看到标记生育能力旺盛的女人时仍莫名所以地被吸引。而女人也不断在模仿这个最受欢迎的年龄层，虽则她可能毫无怀孕的意愿。

拥有资源的重要

人类外表的某些特质就是能让异性像蚂蚁见了糖一般受吸引，达尔文称之为"性的自然淘汰"。然而美丽的外表不只是为了吸引异性，同时也要吓走竞争对手，赢得同性间的竞争。进化学家谈到男人的美丽时多半着墨于他们的武器而非魅力，他们看到的是鹿角而不是鲜艳的羽毛。换句话说，专家认为男性美的进化至少一部分与同性的评量有关。

男人的外貌对同性间的权力架构有一定的影响。一群男人相处很容易区分出高低的关系，甚至小孩子也是一样。在夏令营里，一个小时里就可区分出高低位阶。地位最高的男孩不一定是最大的，但通常是最好看的、体型最成熟的运动健将型。这个男孩有带动和组织的能力，位阶较低的男孩则是服从与发问的角色，顺从的报酬是前者的保护与领导。

长大后领袖群伦的仍旧是外表英俊的男人。社会学家艾伦·马祖（Allan Mazur）研究西点军校的学生，发现长相具领导相的人确实后来官位较大。所谓领导相是指五官端正，下颚突出，眉骨厚实，眼睛深邃，耳朵贴近头部，脸形较宽或长方。顺服相则是脸形窄或圆，耳朵外招，下巴内缩。事实上，从照片就可以预测一个人的学业成绩与未来事业发展。不过，领导相的人若是学业表现不佳，将来的境遇往往是最糟糕的。他们就像披着狼皮的羊，必须为表里不一受惩罚，就像应征工作时寄了不实的履历表一样。

但强壮的男人光是彼此争斗尚不足以争取女人的身与心，最后还是要直接诉诸女人的需求，方法之一就是展现他们的地位与资源。两千年前罗马诗人奥维德（Ovid）就说过："女孩会赞美诗篇，但喜爱的是昂贵的礼物，只要有钱，凡夫俗子也能获得青睐。"大卫·巴斯研究37种文化，发现36种文化的女人比男人更重视经济（只有西班牙例外，但男女差异不显著），其中34种文化的女人重视与经济力有关的野心等特质。专门包办拳赛的唐金（Don King）对拳王泰森的评语是这样

的："任何男人只要有4200万美元，看起来都很像克拉克·盖博。"

有钱有地位的男人结婚的几率确实较高，如果是已婚男子，离异的几率与相对收入的减少成正比（所谓相对收入是与过去的收入或同侪的收入相较）。人类学家苏珊·弗雷泽研究48种传统文化，发现男女离异的首要原因是"不合"。对女人而言另一个重大理由是男人没有尽到经济与家庭责任，对男人而言抛弃妻子的首要理由是生育问题。

两性的差异来自生物的差异。男人在繁殖后代中所扮演的角色从头到尾数分钟即可完成，女人则要承担怀孕生产及一辈子的养育责任。男人可以让无数的女人受孕，因为精子可以不断制造。女人一次只能怀一胎，只能怀一个男人的孩子。女人不管拥有多少情人，她的生育率就是受到身体的限制。男人可以无后，也可以有数以百计千计的后代。女人不管有一个或一千个情人，最多只能有大约11个孩子。对女人而言，配偶的质确实远重于量，当然不能只图一时欢快而忽略长久的保障（此人会是孩子的好父亲吗？）。

两性在繁衍后代一事所扮演的角色是如此不相称，加上你很难评估一个男人是否有能力与意愿投资照顾下一代，因此男女从第一眼开始就已注定采取极不相同的择偶策略。譬如说男人看到女人的照片几乎会有立即的反应，而且每个男人的评价相差无几。男人之所以较专注外表，显然是因为外表可以透露很多信息——包括女人的健康情况、生育能力、是否能接受这个男人等。

女人对男人较需要时间来评价，如果别的女人提供不同的意见，也可使其改变心意。让女人凝视一张英俊的脸孔，时间愈久她会愈觉得不英俊。女人会再看第二眼，或与其他女人交换意见，或深思熟虑后改变心意，绝非因为生性犹豫，而是智慧的表现。生育能力不是女人择偶的主要条件（多数男人都能生育），更重要的是找一个能帮助抚养孩子的父亲。

过去千年里掌握最多资源的通常是最强壮的善猎者，难怪女人并不是那么重视男人的外貌（虽然那也是考量因素之一）。远古社会里女人负责采集水果、干果，不足的肉类蛋白质则要靠男人打猎来补充。此外，有男人保护不受动物或男人的侵扰，女人才能安心抚育下一代。石头棍棒之类的原始武器都要借助膂力，上半身力气较大的男人自然较占优势。男人比女人个子高、肌肉紧致、脂肪少、上半身力气大，肺活量较大，血中血红素也较多。

现代男人也许只用得到拿笔或计算机的力气，但谈到男人的英俊还是常强调体型壮硕。牛津英语字典定义"英俊（handsome）"是"体型优美，常指魁梧伟岸。"模特儿贺伊•理察斯（Hoyt Richards）称他的同事为"壮硕美男子（hunky chunk）"，hunk一词在字典的定义是一大块或一大片，另一个解释是性感的男人。

记者大卫•雷尼（David Remnick）采访NBA后说："不管球员走到哪里，所待的饭店大厅就像模特儿中心的接待室，那些女人简直是主动投怀送抱。"球员丹尼斯•罗德曼（Dennis Rodman）说："在NBA的生活一半是性，另一半是金钱。"根据雷尼的观察，"这种说法不算离谱"。这些运动健将就像摇滚明星一样，总能吸引女孩主动献身。他们不必靠情歌、温柔或热情，只要展现身体与球技就能赢过其他男性，而且还赚进大把钞票。篮球健将的另一项优点是身高——女人总是倾心高个子。

人们总说男性的美不受年龄限制，实际上最受青睐的还是特定的年龄范围。唐纳•赛门斯认为男人近30岁时是肉体美达到巅峰的时候。在未受训练的情况下，男性的体力稳定增加，到25与30之间达到顶点。男模特儿与脱衣舞男多半接近30岁。中古世纪的传统观念（如塞维尔的伊斯多Isidore of Seville作品所示），男性28岁时体力、智慧、德性、肉体美都达到巅峰。1500年德国画家杜瑞（Albrecht Durer）依照耶稣的形象画下有名的自画像。时年28岁，这位文艺复兴的重要人物自信当时已臻肉体的完美境界。

然而男性的肉体美可能不敌权势地位的吸引力，季辛吉说过："权力是最好的春药。"季辛吉身形矮胖，戴副眼镜，站在比他高挑年轻漂亮的妻子身边，印证了美女常伴掌权者的刻板印象，也让众多男人更加肯定有权有势不怕得不到女人。事实上，即使是动物世界里雄性也可利用礼物与领土赢得雌性青睐。以蝎类为例，如果雄蝎不能献上十六平方厘米以上的昆虫蛋白质，雌蝎是不屑一顾的。反之，如果雌蝎收下礼物，则可进一步发生关系，且交配时间长短视雌蝎进餐时间而定。也就是说，礼物愈丰盛，交配时间愈长，这对蝎类有两个优点：增加受孕几率，让雌蝎有丰富的蛋白质生出优质的下一代。不过，在这个例子里外貌也并非全然不重要，因为礼物的丰盛与否系于雄蝎的捕猎能力，当然也就与其体型有关。

人类学家约翰·马歇尔·唐森（John Marshall Townsend）做过一个有趣的研究，拿一些美丑不一的照片给研究对象看（男女都有），告诉他们照片中的人从事的是收入不同的职业（服务生、老师、医生等），然后问他们愿意和哪一位喝咖啡、约会、发生性关系、甚至结婚。结果并不令人意外，女人的第一选择是收入最高又最帅的男人。其次，长相平平或中下的医生与很帅的老师旗鼓相当，足见地位可以弥补外貌的不足。男选女则不同，丑女不管地位多高都不受欢迎。

唐森与另一位研究人员盖瑞·李维（Gary Levy）刻意将照片中男性的地位差异拉大，结果女人的好恶也愈趋明显。同样的男人分做两种打扮拍照，一种穿着汉堡王制服戴棒球帽，另一种是衬衫领带、运动外套、戴劳力士表。结果女人都不愿与穿制服的男人约会、发生性关系或结婚，但换成第二种打扮则女人都愿意考虑交往。果真证明了"人要衣装"，或者更精确地说，收入与地位的标记决定一个男人的身价。

女人并不是活在幻想里，总要面对家庭与社会。一个女人若是嫁给收入比自己低的人，不论这个男人有其他何种特质，社会一律称之为"下嫁"。一个大企业的女总经理也许喜欢上健身教练或餐厅服务生，但要如何引领他进入她的生活圈或调适他的心情却是一大难题。确实有不少男人觉得收入比他高的女人不具吸引力。简单地说，社会压力会让男女都觉得不自在。社会上以收入与事业成就评价一个男人，其严酷程度不亚于女人在外貌上的考验。女性主义作家莱蒂·卡汀·波葛瑞宾（Letty Cottin Pogrebin）说过："阶级是社会深层最黑暗的力量，阶级加上性别更是火上添油。"

类别的危机

　　如果女人取得资源的机会和男人一样，两性择偶的标准是否会趋近一致？如果社会的经济与政治权力能有更公平的分配，也许我们会看到两性性偏好的剧烈变化。然而世界并非如此，亨弗瑞公共事务学会研究发现："女人占有世界一半人口，贡献全部工时近三分之二，但只领取全球总收入的十分之一，只拥有全世界财产的百分之一不到。"平等的世界只存在于乌托邦，正如法兰·莱柏维兹所说的："重要关节握在男人手里。"

　　然而高收入或经济很优渥的女人似乎对配偶的要求更高，杰奎琳·肯尼迪再婚的对象是船王欧纳西斯，英国王妃黛安娜离婚后的对象是亿万少东艾法德。医学院女学生未来个个高收入，但调查发现每一个择偶标准都是收入等于或高于自己，没有一个愿接受低于自己的。就大专生的调查也发现，未来收入预期愈高的人愈重视未来另一半的收入。

　　女人的财富对婚姻的影响较不明确。同一份医学院学生的调查发现，60%的男学生希望配偶赚钱比自己少，40%希望配偶职业地位低于自己。为什么男人要求这么低？

　　称之为性的勒索吧！即使是男人中的智者也曾警告女人不要在某些领域中与男人相抗衡。18世纪哲学家康德写道："勤学苦思的女人纵有所成，也会破坏女性应有的美德……虽能赢得冷冷的敬仰，却也削弱了她据以掌控异性的魅力。"

　　男人不断累积财货，彼此斗争，激烈争夺女人。人类学家海伦·费雪（Helen Fisher）深入研究后发现另一个现象值得注意：女人经济独立后离婚率迅速攀升，不管是部落或资本主义社会，穷国或富国都是如此。这个现象的一种解释是：女人赚钱能力提高后，离婚不再是那么严重的威胁，也比较有勇气离婚。

　　经济学家盖瑞·贝克（Gary Becker）提出"贸易利益"的逻辑来解释女性的变化。如果日本制造的电视比较好，美国比较擅长制造飞机，则美日贸易可互蒙其利。当有一天日本也能制造高品质的飞机时，贸易的利益便消失了。现代妇女即

使全职工作，回家仍需负担大部分家事与育儿工作。一个又要打猎又要采集的女人实在不太需要嫁给另一个猎人，以免她还得采集他所需的食物。

　　最新的资料显示，金钱虽然让女人更独立，却不见得让她们排拒婚姻。社会学家梅根·史温尼（Megan Sweeney）认为："只是改变了婚姻的天平。"过去几十年里婚姻结构确实有很大的变化，在20世纪60和70年代，高收入高职位的女人结婚与再婚的几率都比低收入低职位的女人低。到80年代情势却完全逆转。《纽约杂志》1998年6月15日的封面故事就是探讨这个现象，文中说一个华尔街富翁若是要再婚，新"猎获"的妻子很可能是位高入丰的同侪。未来，女人的收入很可能成为配偶的地位象征。当然，男人还是会努力赚更多钱，女人也还是会寻找比自己更会赚钱的男人。

　　哈佛英语教授玛乔莉·嘉柏（Margorie Garber）认为我们正处于"类别危机"中，转型社会中文化、社会、美学等的界线愈来愈模糊。女人喜欢展现结实有弹性的身体，而不再崇尚柔和圆润，不过十年前高挑有肌肉的女体还被视为怪物呢。不管是高挑丰满或矮小纤细，女人总要给人温柔的感觉，散发出性感与柔弱的致命组合。今天女人最欣赏的女人却是像男人一样结实高挑。女性化妆品公司MAC聘用了两位让人意想不到的代言人———个是变装皇后鲁波（Rupaul），一位同性恋女歌手K. D. Lang。口红过去是女人取悦男性的象征，现在却要靠扮女装的男人和女同性恋来促销，是不是很讽刺？

　　其实现代男人也很重视外表。据调查，男人花在整形手术、化妆品、健身器材、美发产品（染整植发等）一年约95亿美元。一说男人是为了保持年轻以维持职场上的竞争力，不过性的竞争力恐怕也是动机之一。现代女人频繁参与各种社会活动，男人可能觉得要保障性的优势需要额外的武器：肉体的吸引力。

　　然而我们看到两性关系充斥怀疑、迷惑与不安，离婚率居高不下，单亲家庭愈来愈多，没有小孩的人也是大萧条以来最多的。进化心理学家相信为人类效命了几千年的若干本能是很难消灭的，男人依旧会不自觉注视、渴望年轻貌美的女人，吸引女人的同样是身材高大、胸膛厚实、荷包饱满的男人。事实上我们可能也不希望这个现象改变，我们希望的是更清楚地了解自己的选择与背后的力量，如此才能做出最符合自身利益的决定，而不是完全受制于基因。基因不在乎人快不快乐，但人在乎，最适合繁衍基因的不见得最能带给我们快乐。

金 钱

　　美丽的外貌在卧室是一大优势，在办公室又何尝不是。程度也许不及种族或性别歧视，但在职场上美丑歧视是真真确确存在的，而且是无形的存在。没有人会想到他是因为长得矮而薪水比人低，事实上帅哥确实比较容易被聘用，薪水可能较高，升迁速度也较快。

　　对女人而言，美貌对事业的影响则不是那么明确。美女与帅哥一样比较容易被聘用，薪水可能较高，但也有例外的情形。研究显示美女较不易成为法律事务所的合伙人，也较不易得到管理的职位。原因之一可能是漂亮的男女多半被定型，帅哥通常长得阳刚，美女一定很女性化（这里是指五官与体形而非穿着与风格）。阳刚的外表易给人权威、独立、专业的感觉，对帅哥自然有好处，美女的外表却易给人顺从、性感、不够强悍、决断力不足的感觉。不管美女的外表如何被解读，大概都不太符合管理者的形象需求。

　　1979年哥伦比亚大学商学院做过一项有名的研究，麦德琳·海曼 (Madeline Heilman) 与洛依丝·赛路瓦塔利 (Lois Saruwatari) 发现美女应征职员工作易被录用（且薪水较佳），应征管理职位则较不利。后来的研究进一步发现，女人从事高曝光率及需要人际关系的工作时美貌是有利的，至于需要承受压力、迅速决断或激励他人的工作，则美貌是未见其利反受其害。海曼等人的结论是："研究结果确实令人遗憾，女人在事业上要努力爬上决策阶层，显然必须尽可能展现平凡与阳刚的一面。然而追求事业的成就为何必须以压抑女性本质为条件呢？"

　　上述研究出现前后，约翰·马洛伊 (John Molloy) 出版畅销书《成功穿衣术》(Dress for Success)，直指穿着性感者几乎注定与事业成功无缘。这本女性穿衣指南停留畅销榜达五个月之久。到1987年，该书的影响力逐渐式微。然而正当女人拒绝在职场上模仿男性，决定取回身为女人的权利时，两性的关系也日趋紧张。美女最易成为职场性骚扰的受害者，男女对性侵扰的解读往往非常不同。举

例来说，当你知道某同事想与你发生性关系时，你的反应是什么？64%的女人觉得"被侮辱"，67%的男人却觉得"受宠若惊"。前一章说过，男人比较容易将友善的姿态解读为性邀请，尤其是美女的友善姿态。

在经济上身为女人是一大劣势。一个美女即使有很强的事业心，也可能因长相"太女性化"而被认为效率不彰，或是被男同事性骚扰，被女同事排挤。但比较之下真正处于劣势的是长相平庸的女人，她们被录用的几率及薪水通常都较低，结婚的几率较低，即使结婚也不太可能嫁给有钱有势的人。光是这些事实就足以促成美容产品的消费额居高不下，你不一定要长得很漂亮，但维持中等之上总是有益处的。

快乐

看过前面两章的讨论,读者可能会得到一个结论:漂亮的人一定比较快乐。本·富兰克林 (Ben Franklin) 说:"幸福通常不是幸运之神偶一为之的杰作,而是每天发生的微小优势累积而成。" 我们知道漂亮的人一生都能享有这些微小优势,应该是比不漂亮的人快乐才是。

事实上美貌不能带给人多少快乐。心理学家艾德·迪纳 (Ed Diener) 与大卫·麦尔斯 (David Myers) 花很多时间探讨快乐的原因,他们研究的重点是"主观的幸福",在这种状态下人会觉得很正面,绝少有负面感,对人生有整体满足感。迪纳发现,俊男确实比较幸福一点,美女则有时比较快乐有时比较不快乐。基本上,美貌对两性的影响都很轻微。影响最大的是对情感生活的满意度,在这方面俊男美女确实比较快乐,但并不能因此对人生整体比较满意。

美貌既然有许多优势,为何不能使人更快乐?迪纳与麦尔斯认为,快不快乐与一些个人特质较有关系——如乐观,个人掌控感,自尊,忍受挫折的能力,重视人的感受甚于外貌或金钱等。人天性会根据环境调整心理预期,得到愈多欲望愈大,因为我们永远会和其他人比较。心理学家提摩西·米勒 (Timochy Miller) 说:"人永远不会觉得已累积足够的地位、财富、情感……知足的心态也确实与进化的原则相冲突。" 漂亮的人会和更漂亮的人比较,有钱的还要比更有钱的。直觉地追逐目前所没有的或许能增强竞争力,但过于极端则可能导致对自己不满意、不快乐。快乐的秘诀就在于偶尔超脱愈多愈好的心态,对眼前所拥有的心存感谢与满足。

人的欲望是无法满足的。心理分析师艾迪斯·杰科布森 (Edith Jacobson) 曾为文叙说美丽的女病人如何被自己的美丽孤立,她们一生都是被迎合的,总以为想得到任何东西或任何人都可以如愿,自然受不了拒绝与挫败。罗素说得好:"某些欲望无法满足正是快乐的必要元素。"

双胞胎研究显示快乐与否可能一部分受基因控制。行为遗传学家大卫·莱金

(David Lykken) 研究1500对双胞胎，有的双胞胎是基因百分之百相同，有的则是与一般兄弟姐妹无异。莱金与作家奥克•泰瑞金 (Auke Tellegen) 比较两者的不同，结论是人天生有一个快乐的"平衡点"，情绪短暂波动后都会回到这个点。换句话说，有的人生性多愁善感，有的生性乐观。最近看到电视节目主持人访问演员里恩•尼森 (Liam Neeson)，奇怪他"站在世界的顶端，婚姻事业人生都如此顺遂，为何没有乐翻天？"尼森没有说他不快乐，只说他生性多愁善感，人生的顺遂也不能改变这一点。

另外，自尊也是快乐的重要元素，这部分和一个人如何看待自己比较有关。正如爱莲娜•罗斯福 (Eleanor Roosevelt) 所说的："没有人能让你觉得自卑，除非你同意。"别人对你的美丑评价会影响你与人相处的自在程度，但和自尊不太有关系。即使别人都觉得你很美，如果你总是和更美的人比较，你可能就不觉得自己美。你对自己的美丑评价与自尊很有关系，艾德•迪纳说："快乐的人眼中的自己似乎总是比客观评价来得高。"快乐的人也比较会利用衣服、化妆、首饰等让自己更美，无形中使其掌握更大的资源。

美丽有时也是缺点。人们总认为漂亮的人比较不忠实，比较容易离婚。美女易被怀疑不是好母亲，帅哥的性偏好也易受质疑。美丽更是让人分神，诗人叶慈向情人安表白："吾爱，只有上帝能爱你本身而不是因为你的秀发。"

要从脸上判断一个人的诚实、敏感、善良时，美丽是没有助益的。一张散发同情慈善的脸也许不美丽，美丽的脸也可能显得冷漠、空洞、傲慢、自我而无损其美丽。蒙田说："有些相貌特别具善意：在一群陌生的敌人面前，你会立刻选出其中一人向他投降，将你的命运交付他的手中，而美貌必然不是最主要的考量。"不过蒙田也承认："相貌不足为凭，但值得些许考量。"美貌确实可能带给你些许优势，即使在这种情况下。

美貌的缺点不可谓小，尤其是对女人而言。一个美女也许在一万个小地方占优势，但如果她最重视的是被视为好母亲，追求事业更上一层楼，是别人肯定她的善良与诚实，这时美貌可能是无关紧要的，甚至可能妨碍她成为真正的她。总之，美丽不能保证快乐。

尽管如此，有机会选择的话没有人会拒绝变得更美丽。正如谐星苏菲•塔克 (Sophie Tucker) 所说的："我贫穷过也富有过，还是富有比较好。"

女人的臂膀我见识过，而且熟悉——戴着手镯白皙无袖的臂膀

（在灯光下覆着淡金色的细毛）

——艾略特

衣服是对社会的宣示，化妆较接近私密的希望与恐惧。

——肯尼迪·弗雷泽（Kennedy Frasse）

在自助洗衣店你会看到女人脂粉未施，穿着家居服与拖鞋，头上却顶着可以参加总统就职典礼的发型。

——约翰·华特斯（John Waters）

隐约之美

弗洛伊德说视觉其实是源于触觉，这个观察运用在人体上再适切不过。记者弗雷泽在一个光鲜的社交场合看到一双女人的长手套，感觉就像"高压成形的丝质手臂"，表面是如此光滑紧密，仿佛完美的皮肤。然而再美的手套与真正的肌肤比较还是相形失色。根据动物学家戴斯蒙·莫里斯（Desmond Morris）的说法，无瑕的肌肤是人体最让人渴望的特质，其次是柔柔亮亮的头发。

皮肤可以说是人体最美丽的器官，当然也是面积最大的。从最厚的脚底到最薄的眼皮，总重约6磅，面积约20平方尺。全身每一寸皮肤都有汗腺、皮脂腺、毛发、血管、神经末梢，因此我们才能颤抖、流汗、脸红。皮肤表面有角质层，这种蛋白质与犀牛角和动物脚爪同一成分，毛发则是较特殊的皮肤形式。健康的皮肤与毛发是性感美丽，反之则可能令人作呕。威廉·米勒（william Miller）曾为文探讨："不健康的皮肤是最可厌的，甚至是丑陋的主要原因……脓疱、伤口、斑点在古代是很常见的，麻风与梅毒病患便是因之被放逐，直到近代西方社会才逐渐绝迹。"

美丽发丝很诱人，但必须是长在头上，若是在痣的中央、女人的脸颊或一杯水里，即使只是一根细发都让人觉得恶心。据说英国作家约翰·罗斯金（John Ruskin）一直未与妻子圆房，他惊骇地发现妻子并不如想象中的希腊雕像，两腿之间竟然有丛丛毛发。对某些人而言，从青春期开始出现且带着浓烈气味的腋毛与阴毛是很可厌的，有些人却觉得饶富性的刺激：英国首相梅尔波恩（Lord Melbourne）之妻凯若兰与拜伦热恋之际，就是寄送阴毛以表情意。

弗洛伊德认为人会迷恋毛发不只是因为它的外观与触感，也和它的味道有关。"脚和头发都有强烈的气味，但是舍弃气味的不快感后反而被提升为崇拜的对象。"按照弗洛伊德的说法，被舍弃的是"嗜粪癖"。也就是说，我们对身体气味的喜好从排泄物转移到香水与头发皮肤，而头发能激起视觉、触觉、嗅觉的感受与记忆，带有多重而原始的诱惑。

赤裸

　　戴斯蒙·莫里斯（Desmon Morris）称人类为"赤裸的猿猴"，是"193种猿猴"里唯一没有毛的。其实人类并非全然赤裸，成人的身体有500万根毛发，发囊数量不亚于猿猴，只是多数体毛纤细到几乎看不到。人类为了保温而晒黑皮肤，猎取其他动物的毛皮——亦即发明衣服。除了衣服以外，人的皮肤底下有厚厚一层脂肪，就像鲸鱼的脂肪一样有阻绝寒冷的功能。

　　人类的冷却系统同样出色。多数动物觉得热时会喘气，在无毛的地方（如脚爪）流一点汗，或抖抖毛发，人类则是全身都能流汗，温度高时全身数百万个汗腺便开始发挥洒水器的功能，干空气吹过，水分蒸发，毛细血管的温度便降下来。这套蒸发冷却系统在非洲大草原发展而成，那里气候干热，水源甚少。

　　由于人体毛发短而细，才得以免除跳蚤、虱子、寄生虫的侵扰，不像猫狗在热天时必须戴防虫项圈。毛发细短的优点除了防虫之外，还能增添性感。少了毛发的保护，皮肤更为敏感。在神经末梢很丰富的地方如嘴唇、手掌、脚底、乳头及性器官的一部分，都是寸草不生的。

　　人类学家马文·哈里斯（Marvin Harris）认为，人体的裸露可能是祖先站立起来开始长途跑步时发生的。人类光靠速度是无法生存的，最重要是靠耐力。即使是最有才能的运动员也不易追赶上野火鸡的短跑速度（每小时26里），更别说时速40里以上的纯种马与猎犬，或是时速高达70里的印度豹。但人类以耐力补速度之不足，皮肤中数百万个汗腺能维持长时间在阳光下追赶，这便是人类能击败猎物的主因。

　　从皮肤的构造可以推断，人类曾经过着在炎热气候下奔跑的生活。从皮肤与总面积的比例可以看出人类偏离原始环境的线索。世界上某些地区的人们偏矮胖，有些地区偏高瘦。皮肤面积相对愈大，冷却速度愈快，这也是为什么我们在

冷时会蜷缩身体，热时喜欢伸展，无论任何体型的人都是如此。居住在极干热环境的人（如苏丹的丁卡族人）都很瘦，身体四肢都很细长，如此才能有高比例表皮面积以利散热。丁卡族人艾莉·威克（Alek Wek）是世界知名模特儿，在很多杂志封面都看得到她的身影，她的苏丹式瘦高个儿恰是今日美的典型。

另一种极端是四肢短小身形矮胖的人，如格陵兰因纽特人（Inuit）是比较晚的人类体形种类，大概是数十万年前为适应极冷环境才产生的。走遍世界各地，你会发现年平均温度与当地人的四肢长度都是成正比的——温度愈干热，四肢愈长。

梳 洗

　　灵长类常会为彼此挑拣毛皮里的灰尘与寄生虫，这种互助梳洗的传统源远流长，同时可达到治病与社交的功能。敌对的雄黑猩猩和解时，会紧紧环绕对方、尖叫拥抱，最后是彼此梳洗。挤在狭小空间的恒河猴格外勤于彼此梳洗，动物行为学家法兰兹·迪瓦 (Franz de Waal) 观察过一只幼小的母恒河猴，她患有类似人类唐氏症的基因异常，自己难以生存。她的姐姐一直带着她到超过一般年龄，为她梳洗的次数也比一般恒河猴频繁一倍。

　　很多动物出生后立刻由母亲进行梳洗与舔的动作，这个动作似乎会影响动物一生的发展。神经病学家梭尔·尚柏格 (Saul Schanberg) 实验让幼鼠离开母亲极短的时间，结果幼鼠的生长荷尔蒙与DDC酵素都显不足，影响体内某些重要化学变化的发生。后来科学家以画笔为幼鼠按摩，幼鼠才恢复正常。幼鼠出生10天内若母亲经常施予梳洗与舔，幼鼠的压力荷尔蒙会较低。科学家相信，这些动作可培养幼鼠面对威胁的反应，并有助于调节生理与中央神经系统。

　　人类早产儿出生后需要特殊照顾，通常较缺乏直接的肤触。迈阿密大学医学院触觉研究学会的心理学家蒂芬妮·菲尔德 (Tiffany Field) 等人发现，每天为早产儿按摩对其成长与发展有深远的影响，不但体重增加速度较未按摩者快50%，小孩也长得更敏锐健康。早期的抚摸洗浴等皮肤接触对人类或动物的幼儿同样有重要的影响。

　　多数人一辈子都恪遵每日梳洗的仪式，相关事宜甚至发展成一整个产业——美容、美发、修指甲等。父母为孩子梳理，小女孩则为洋娃娃梳理。玛丽·凯瑟琳·贝森 (Mary Catherine Bateson) 在回忆录里记述和母亲玛格丽特·梅德 (Margaret Mead) 最亲密的时刻：母亲坐在她床前一张特别的凳子上，为她梳理及腰的长发。洋娃娃若是无法让小孩子享受"变发游戏"是很难销售的，最有名的芭比娃娃1992年推出及身长发芭比，据说是有史以来最畅销的。

人们对皮肤与头发的照顾可谓不遗余力，美国人花在有关个人保养产品与服务的金钱是读物的两倍。全世界的化妆品产业有450亿美元的产值，北美便占了30％的市场（欧洲占34.9％，日本18.9％，其他国家合计16.2％）。根据1996年的调查，美国18岁以上的女性有88％的人表示过去半年里使用过彩色化妆品。

　　美国食品药物管理局对化妆品的定义是："为了清洁、美化、增进吸引力或在不影响身体构造与功能的情况下改变外观，而在身上涂抹、倾倒、喷洒或使用的东西都是。"化妆品的大量消费究竟意味着人们太有钱有闲，还是媒体广告在剥削人们的不安全感？两个答案似乎都不对：人类使用化妆品的历史至少可回溯到四千年前。

涂抹、倾倒、喷洒

　　在南非克拉斯（Klasies）河口与边洞（Border Cave）地区，考古学家发现了四千年历史的红赭土做成的粉笔。制造方法是将氧化铁磨碎，与动物油或植物油混合，然后加热使颜色强化。这些粉笔用来做什么并不清楚，考古学家史蒂芬·米森（Steven Mithen）推断是用来涂抹身体与脸，因为南非在三万年前似乎还没有任何艺术作品被发现。

　　到古埃及时代化妆已是一门高深的艺术。考古学家挖开图坦卡门王的坟墓时，发现一瓮三千年历史的保湿剂，由动物油与松香制成。英国博物馆收藏有一个埃及妇女的化妆盒，为公元前1400年的古物，内有象牙梳子、浮石（pumice stone）、化妆盒、软膏盒、羚羊皮凉鞋、小红垫子等。公元前2000年就已有人使用刮胡刀组——青铜做的刀片与钳子。古埃及人以动物油、橄榄油、干果油、种子、花朵制成保湿剂，储存在雪花石膏与彩纹玛瑙的瓶子里。他们的医药文件记录有预防皱纹与斑点的方法，男女都会使用浮石与刮毛器，戴假发，有时真发假发掺半。事实上，今天很多化妆方式古埃及都已存在，显示化妆品产业应该不是现代人的发明或因应现代文化压力的产物。

毛 发

　　人类对脸部极为注重，对身体的皮肤则比较没那么在意，倒是对剃毛一事颇热衷。女人的体毛较男人少，但在某些文化里剃毛的是女人而非男人，似乎可借此突显两性的差异，增进女性的魅力。罗马诗人奥维德提醒女人：″莫让粗野的山羊在你的腋下寻找出路，莫让你的双腿野草丛生。″你几曾见过超级名模在伸展台露出毛茸茸的双腿？个个肌肤平滑无瑕，就像塑胶洋娃娃一般。

　　虽然上流艺术或猥亵图片的女体都有走向自然主义的倾向，体毛依旧不是每次都出现。《花花公子》的模特儿以前处理阴毛的方式都是遮掩或剃除，现在则是若隐若现朦朦胧胧。意大利画家波提伽利（Botticelli）笔下的女人都没有体毛，几百年后的狄嘉斯（Degas）、马蒂斯（Matisse）、毕加索等也是。纽约有家时髦的费卡沙龙（Frederic Fekkai），数以百计的女人前往要求剃毛，有的要求修成三角形，有的是隆起部位保留一寸，也有的要求一毛不留。这股剃毛风潮最初始于比基尼式剃毛，即剃除露在泳衣之外的体毛，后来却演变成流行上的极端表现。

　　每当女体新的部位被裸露，该处的毛发可能紧接着要遭殃。14、15世纪时有些欧洲女人以头巾包住头发与耳朵，露出头巾外的些许头发便一步步被拔除，最后成为一种流行——高而宽的额头，发线倒退，甚至连眉毛也拔掉（如文艺复兴时期的若干画作所见）。

　　西方男性较习惯以衣服遮住整个身体，但当他们露出胸膛时，人们立刻注意到胸部皮肤的外观与触感。健美先生普遍使用″竞争色″（仿日晒颜色）及抹油，另外还会剃去体毛以便展现健美的肌肉。克利夫·詹姆斯（Clive James）形容健美先生的上身如″装着胡桃的保险套″。演过电影泰山的人很多，只有迈克·亨利（Mike Henry）有胸毛。超级男模马库斯·申肯伯格（Marcus Schenkenberg）常出现在世界各地的男饰广告，一律露出肌肉虬结古铜色光滑无

毛的胸部。有些男同性恋也喜欢剃体毛，为的是符合米开朗琪罗所谓的"肌肉光滑的男孩美"。电影《欲望街车》里白兰琪也说："我喜欢光滑没有胸毛的男人。"

不过男人并无意模仿女人的身体——无论他们多热衷刮毛或剃毛，脸部是禁地。无论是正式摄影或杂志封面看到的总是有点男性化胡楂的脸。上身裸露，裤子故意拉得很低。肚脐以下的毛是不刮的，就像手臂与腿毛。有时也剃掉胸毛，显露盔甲般的上身。皮肤是斗士的战服，胸部是铜墙铁壁，有了毛发，钢硬的效果尽失。

身体的装饰

现在很流行在身上做装饰，但人体艺术在西方其实是晚近才开始的。根据1990年一份非正式的调查，约只有３％的美国人有刺青，且多数是男性。不过衣服确实是愈穿愈少，广告上袒胸露背的男子稀松平常，Ｔ型台上尽是各式各样清凉的衬裙式洋装，露在外面的皮肤也愈来愈多。然而随着裸露的刺激感逐渐地减弱，过去很多西方人嗤之以鼻的人体装饰又开始再度死灰复燃。

一般人们认为刺青是公元前４世纪起源于非洲东北的努比亚，刺青一词原为大溪地语，意指打击。方法是用野猪牙、海龟壳与细针在皮肤上刺洞、上颜色。直到19世纪，达尔文发现从北极到南端的新西兰都有土著刺青。

瘢痕艺术是用刀子或其他器具让皮肤突显出图案，在一些皮肤黝黑不适用刺青的民族中较常见。穿洞更是普遍的装饰，有的木乃伊就是因穿戴的耳环过重导致耳垂拉长，也有一耳穿两洞的。耳环与鼻环的种类很多——贝壳、骨头、羽毛、金属等，穿洞的部位更是千奇百怪——耳、鼻、唇、眉、舌，以及身上所有性感部位——肚脐、乳头、阴茎、阴唇。在富含神经的部位穿洞会引发持续的刺激感，甚至旁观者也不禁有感同身受的联想。从这个角度来看，穿洞诉求的不只是视觉，更是触觉的刺激。

18、19世纪当欧洲的传教士、商人、探险家到世界其他地方时，惊骇地发现别人的穿着是如此不同。不但有人不穿衣服，还有人在皮肤上涂彩、瘢痕、刺青。其实涂彩与瘢痕基本上与西方人的衣服有同样的功能，虽然看起来极不相同。艺术史学家安·哈兰德（Anne Hollander）认为："衣着的定义应当更具弹性……有些人虽然不穿衣服，却发展出一套自我装饰的习惯，和衣服一样具有展现完整人性的意义。"

就像衣服一样，刺青、瘢痕、穿洞的人都自认是美丽的。不过美丽并非主要目的，也有区分阶层、地位、性别、年龄、成就的象征，就和制服的功能一样。

在很多文化里青春期、结婚、第一次成功的狩猎等都有特定的刺青或瘢痕，也是代表一个族群的特色。

刺青与瘢痕就像衣服一样也可以有标新立异的意义，在西方文化尤其常见。有些人会把情人的名字刺在手臂上，就像以前的人刻在树皮上。刺青、瘢痕、穿洞的意义更繁复，在很多地方，刺青与瘢痕是青少年的一种成年仪式，对西方的青少年而言，这些就像抽烟、喝酒或其他大胆行为。刺青与瘢痕不仅疼痛，还可能造成感染，但似乎也因此彰显出尝试者的胆量与耐力。就像古代的猎人与武士以身上的伤疤为荣，刺青、穿洞、瘢痕的人也在证明他们接受体能挑战的能耐。实践身体艺术可真不轻松。

脸部化妆

　　前述的身体艺术实践者两性皆有，但至少在西方还是以男性居多。至于脸部化妆则是女性的专利。偶尔我们也会在男人的脸上看到一丝脂粉的踪迹，若是看到口红或眼影恐怕会大为骇异。近年来男性流行市场扩大不少，唯一原地踏步的是化妆。

　　女人习于掩盖、漂白、抹红，不惜用有毒的铅、水银、混合蛋白、柠檬汁、牛奶与醋涂在脸上，让水蛭贴在脸上，自愿吞下砒饼。为了模拟皮肤的透明，希腊人、罗马人及伊丽莎白一世都曾经在乳房与额头上描画青色的血管。有两千年之久欧洲人的化妆品一直是以白铅为主要原料，混合白垩，或与醋、蛋白混合成团，厚厚地涂在脸上。教宗朱利亚斯三世的医生抱怨说："可以从他们两人脸上刮下一层起司蛋糕来"。

　　中国与日本的女人化妆方法雷同，都是白粉搭配胭脂蔻丹。日本平安时代（9到12世纪），女人习惯涂抹很厚的白粉配上胭脂，白粉是面粉做的（后改为白铅），胭脂则是萃取自红花。日本女人至今仍崇尚极白的肤色，在日本的倩碧（Clinique）专柜，你会发现美白产品的销售不亚于洗面乳与口红。一位产品经理解释说，日本女人认为最美的皮肤是"绝对且一致的白，她们不能忍受雀斑"。

　　浅粉红色一直是美国人脸部化妆的主流，直到最近才有变化。化妆师凯文·欧科因（Kevyn Aucoin）回忆1967年时他还在读一年级，看到一个女店员的脸部化妆竟误以为是被蚊子咬后搽药水，弄得女店员莫名其妙，后来经母亲的解释才恍然大悟。

　　在一片白色的画布上，女人在唇与颊画上红色的惊叹号。红是血的颜色，是乳头与嘴唇兴奋时、性器官充血的颜色，是如此醒目与动人心弦。基于同样的理由，红灯、铁路信号、消防车都是用红色。早在公元前5000年就有人在嘴唇上涂抹红色，1910年在巴黎首度制成口红，之后便以管状包装行销世界各地。到1930

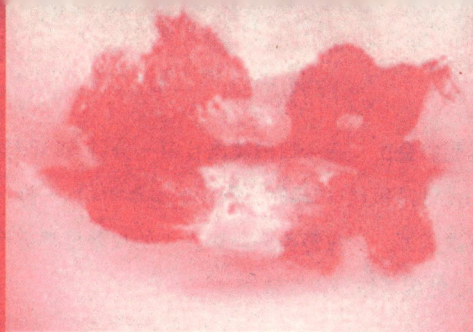

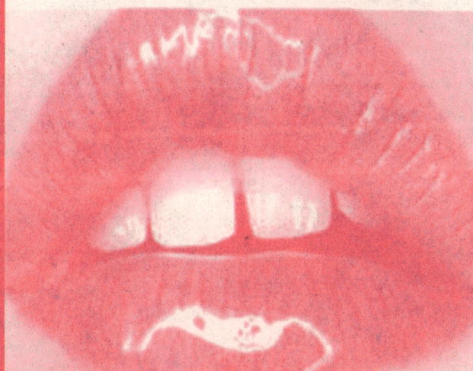

年全世界的口红可以从芝加哥绵延到旧金山。在今日的美国，每一分钟有1484支口红售出。很多女人的想法大概和设计师贝丝·约翰逊（Betsey Johnson）一样："当我将死时，我会涂好口红躺在医院里。"古苏美人与埃及人的坟墓里都被挖掘出一罐罐的红色氧化铁。女人的临终要求似乎古今皆然。

秘密与谎言

　　女人的化妆曾经让男人很不安，但她们从不因此放弃。古罗马诗人马修（Martial）写道："你不过是各种谎言的组合。当你在罗马，你的头发在莱茵河畔滋长，晚上当你卸下丝质睡袍，也同时除下你的牙齿。夜里你的人有三分之二锁在盒子里……没有一个男人能对你说我爱你，因为你不是他所爱的那个人，没有人能够爱真正的你。"奥维德也警告女人："你的巧计不要被揭穿，若是让人看到厚厚的粉从你脸上融化流到胸前，谁能不感到恶心？我何必知道是什么让你的脸那样白皙？"

　　连宗教领袖都表达了强烈的不满。圣杰洛米（St. Jerome）质疑："这些基督徒脸上五颜六色的东西是什么，难道不明白那会蛊惑年轻人，撩拨欲望，更是灵魂不洁的象征？"希腊神学家克里门（Clement of Alexandria）坚称戴假发的人无法得到上帝的祝福，因为神的祝福无法透过假发给戴发的人。"牧师的手究竟摆在谁的头上？他究竟祝福了谁？当然不是戴假发的人，而是另一个人的发，另一个人的头。"

　　18世纪末英国议会通过一项法案，将女人的装扮视为与施巫术同等罪行，保护不知情被骗婚的男士。法案内容是："自此法案施行日起……凡是利用香水、搽粉、化妆品、假牙、假发、裙撑、高跟鞋、垫高臀部等方法，诱使或欺骗国王的子民进入婚姻，将依现行施巫术或类似犯行接受同等惩罚。判罪确定者，婚姻视同无效。"当然，这项法令是无法实施的。

　　1711年英国《观察家》（The Spectator）杂志刊登一位苦恼的丈夫来信："先生……本人亟欲与妻离异，希望您了解我的案例后能认同我的理由……当初我是如此着迷于她的白皙的额头、颈项、手臂以及乌亮的秀发，事后我惊骇地发现这一切都是人为的杰作。早上醒来时，她那人工塑造的皮肤看似老去数十岁，与前一夜上床时的她相较恍如母女。我决意尽速与其离异，除非她的父亲能依其

真实面貌补偿适当之妆奁。"

　　古代的国王会请画家为未来可能的婚配对象作画，这类婚姻多半着眼于土地或权力的结盟，但新娘的外貌仍然受到重视。英国亨利七世是个中代表，他除了要求看画像外，还会准备一份冗长的问卷请随扈回答，内容包括："留意她的脸孔是否涂粉，是否搽了口红。"

　　女性皇室与贵族应该是对婚配对象的外貌较不重视的，但她们也会要求看画像。英女王伊丽莎白一世拒绝嫁给任何不曾谋面的人，不过最后她拒绝嫁给任何人，死后被称为处女皇后。她选择的不是婚姻，而是与追求者玩爱情游戏，脸上涂着白粉，两颊点上胭脂，顶着金黄或红色的假发。晚年时也许是因为不确定这样的装扮效果如何，最后二十年里她从来不照镜子。

金发梦露与黑发猫王

　　白里透红的皮肤是属于不曾生育过的少女的，任何年龄层的妇女都渴望拥有这样的肌肤，也都不惜采取各种方法去模仿。从化妆到整形手术，都是企图留住青春与生育力的形象。

　　谈到肤色我们很容易联想到种族，其实肤色还会因性别与年龄而有所差异。人类源于同类祖先，造成肤色差异的最主要原因还是性别。这里所说的差异与日晒无关——除了身体不受日晒的部分，或两性日晒机会一样多的社会可能如此。一般而言，同种族的女性肤色较男性浅，这是因为女性血红素与皮肤黑色素都较少。古埃及、克里特和日本的艺术家就是以肤色强调两性的差异——画女性时偏用白、黄、金色，男性则大量使用橘、红、棕色。再举比较近的例子，猫王将淡茶色的头发染成蓝黑色，还唯恐别人没注意到，经常用手指去梳。相反的，肤色中等带有雀斑的黑发美女玛丽莲·梦露，则是把头发染成白金色，且偏爱淡色妆。这两人为了突显其性感魅力都特别强调肤色发色的性别特征。

　　婴儿的皮肤与头发通常比父母浅而细致，人的肤色与发色绝不可能随年龄而变浅，除了北欧地区，真正的浅黄色头发大概只有小孩才有。人类学家彼得·弗洛斯特（Peter Frost）认为女人的皮肤较淡可能和婴儿有同样效果：阻遏攻击与显示青春。

　　但弗洛斯特也指出，两性的肤色差异是性荷尔蒙的产物，与女性的生育能力有直接关系。少女少男的肤色差异不大，到青春期才开始产生变化——男性肤色变暗，女性变浅。女性在排卵期肤色又比其他时候浅，吃避孕药及怀孕时肤色较暗。怀孕时改变的不只是体形，还包括脸上长黑斑、乳头变暗、静脉曲张。多数症状在生育后会消失，但肤色与发色则在第一次怀孕后就永久改变，少女的青春一去不复返。所以说女性肤色浅淡可直接显示荷尔蒙状态。

　　神经科学家雷蒙谦尊（V．S．Ramachandran）认为浅肤色女性受欢迎还可

能和择偶压力有关。浅肤色较容易显示女性的健康、年龄与性趣。他在一篇文章《男士为何偏爱金发女郎》中提到，男士偏爱的其实是金发所伴随的浅肤色。浅肤色容易看出是否有疾病（贫血、发绀、黄疸、感染）、是否有性趣（脸红）、年龄。无论男女都很在意配偶的健康，但男性更注重年龄与性趣，因为女性表现性趣的方式比较不直接。雷蒙谦尊的意思是，男性偏爱浅肤色女性是因为比较不易受骗，这种生物学上的优势后来演变成为审美标准。

人类学家道格拉斯·琼斯（Dougls Jones）指出，男性偏爱浅肤色女性几乎是各文化共通的现象。公元1至4世纪写成的印度古籍《爱经》描写理想的女人：皮肤"细致柔和，白皙如雪"。社会学家我妻洋（Hiroshi Wagatsuma）指出，日本男人认为"皮肤白是女性美的一部分"，日本女人则喜欢"淡褐肤色的男性……她们认为漂亮的男性与富吸引力的男性是不同的，漂亮的男性皮肤白、五官细致，就像歌舞伎演员，美则美矣，但太女性化而不够可靠……反之，富吸引力的男性多是皮肤黑、有活力、男性化、可靠。"一份针对怀俄明州白人大学生所做的问卷发现，男性交往与择偶的对象偏好浅色的眼睛与发色，皮肤中等偏浅，女性则喜欢深色眼睛与头发，不喜欢皮肤很白的男性。

上述研究结果不是绝对的，在多种族的社会里肤色显然不能作为生育力的指标。相较于种族的差异，年龄、生育力、生育经验等所造成的肤色差异都显得微不足道。在这种社会里，男性若偏好浅肤色的女性可能也与美丑无关，而与地位或种族意识有关。20世纪70年代南非黑人女性因过度漂白皮肤罹患黄褐斑病，她们的目的不是为了看起来更年轻，而是因为白皮肤的人拥有较优越的资源与地位。

脸红的新娘

达尔文说："脸红是最特殊也最人性化的一种表现。猴子会因激动而脸红，但我们需要极可观的证据才能相信其他动物会脸红。"脸红和怕痒一样是年轻的特征，随着年龄的增长似乎都会逐渐消失。儿童和青少年比成人易脸红，女孩又比男孩易脸红。除了脸部以外，颈部及少数人的胸部也会发红——都是明显易见的部位。科学记者罗杰·宾汉（Roser Bingham）认为脸红是适婚的诚实宣告——显示这是一个害羞的青春生命，有性的想象力但没有性的历史。脸红也可能是痛苦不自在的表现，但年少的爱似乎总少不了它。达尔文说："视情爱为可生可死的青春恋情总少不了很多次脸红。"

雷蒙谦尊指出，脸红有性兴奋的意味。脸红时皮肤湿润，嘴唇微胀，释出"对某人的求爱可能将有所回应"的信息。嘴唇与脸颊红润也是健康的表征，缺铁性贫血是很常见的疾病，其特征便是苍白。现在很多妇女因常年月经失调而贫血，在以前的社会这是很少见的，因为女人经常在怀孕或哺乳，月经并不常来，当时贫血多半源于饮食缺铁或感染寄生虫疾病。

多数女人每天不假思索地搽粉涂口红，很多人用的粉底比本来的肤色略浅一点。浅粉底、腮红、口红，这些性的信息其实都是模拟青春、不曾生育、少女的羞涩、健康与活力。

很多妇女愿意每天遮盖本来的肤色与肤质，只使用化妆品公司制造的少数色彩。人类学家玛丽莲·史翠珊（Marilyn Stratherm）说："从这个意义来看，皮肤真的是很表面的东西，与个人的本质几乎没有多少关联。"化妆其实就是改变一个人的脸，以接近理想的脸取代个人的特色。哲学家史丹利·凯佛（Stanley Cavell）比喻当代的女星如同"美容院里的图片，同一张脸尝试不同的发型……其实化妆品才是真正的明星"。很多女人愿意遮掩部分个人特质以换取"美丽"，极端者更不以化妆为满足，不惜诉诸整形手术。

紧致的皮肤

要模拟少女晶莹剔透的皮肤可不容易，但不畏困难不断尝试的大有人在。年轻人的皮肤看起来很新鲜，实际上也确是如此：新的细胞每两周就会再生，皮肤永远常新。但随着年龄渐长，这个过程会减慢速度。表皮细胞再生速度慢，渐渐变黄变暗。皮脂腺运作不再那么顺畅，胶原与弹力蛋白遭破坏，使皮肤看起来干燥不柔软。过去脸上的皱纹一瞬即逝，现在却蚀刻成岁月的痕迹。随着皮下脂肪变薄，年轻时的浑圆脸颊逐渐露出角度。皮肤变得松垮垮。

有幸活到老的人都会经历皮肤老化的过程，但老化的速度因人而异。白人的皱纹比黑人提早十年至二十年出现，女人比男人早生皱纹。不过，皮肤老化不只是基因的自然演变，健康情形与生活习惯也很有影响。19世纪美女尚白，人人撑着洋伞培养苍白的肤色。20世纪的美人则视苍白为柔弱与被压迫的象征，从20年代开始，古铜色才是健康、财富及经常从事户外活动的象征。足见肤色确实很肤浅，没有太高深的意义。

南西·柏森 (Nancy Burson) 与大卫·克伦里奇 (David Kramlich) 分别是艺术家与电脑科学家，两人合作设计一部"年龄机器"，先输入一个人的脸部形象，利用电脑技术显示年老的样子。我是1990年第一次看到这部机器。机器可显示两种年老的版本，一种妥善照顾皮肤，一种晒太阳又抽烟。强生公司脑筋动得快，1990年将机器带到商场展示，借以促销防晒剂与保湿剂——这确实是很高明的手法。

1995年《美国流行病学杂志》上刊登一篇文章，题目颇耸动：《抽烟使你又老又丑？》作者黛博拉·葛拉蒂 (Deborah Grady) 与维吉妮亚·恩斯特 (Virginia Ernster) 的结论是肯定的。重度瘾君子４０岁后比不抽烟者有更多皱纹，易早生白发，男性则易秃头。抽烟对皮肤的害处很多。尼古丁会使血管收缩，减少血液流到皮肤，使脸色苍白如香烟纸。吞吐烟雾及眯眼的动作都会在皮肤留下恒久的痕

迹。此外，抽烟既已证明会伤害肺部的胶原与弹力蛋白，对皮肤也可能造成同样的伤害。

古铜色的皮肤看起来健康亮丽，但可别忽略了皮肤发热与晒伤的问题。晒黑晒伤都是皮肤因紫外线的照射而变厚，同时制造黑色素以自我保护。真正的伤害要到后来才出现——皱纹、褐斑、皮肤癌。能够保护皮肤不受伤害的唯有皮肤天然的黑色素，这也是黑人罹患皮肤癌的几率只有非拉丁美洲白人的十四分之一的原因。

由于这些伤害要多年后才会显现，很多爱美又追求健康的人士还是继续抽烟日光浴。他们可以得到立即的报偿——尼古丁会直接冲击脑部的快乐中枢，古铜色是海边享乐的青春记号，总能得到旁人的赞美。一些高知名度的人士（如演员、名模）明知有害而为之，看似在宣扬他们的健康，其实是在自我摧残。就像在身体上打洞或刺青，他们的肤色和香烟仿佛在说："我就是这么健康，即使做这些危险的事依旧不受伤害，依旧美丽。"二十年后事实会得到印证，但眼前正值青春年少，又有谁想那么多？

为了对抗岁月的摧残与生活坏习惯的荼毒，女人习于隐藏在化妆品的后面。不仅掩藏，还要想尽办法延缓老化——从史前时代就不断有人尝试。也许是现代生活更为严酷吧，让皮肤保持柔软湿润已不再足够，还要用果酸或蔗糖酸换肤，用维它命A衍生物促进皮肤新陈代谢。有些人更贪心地想要一次抹去十年的岁月，这时则要借助手术刀或镭射。

全世界的整形手术师约有一半在美国，其中三分之一在加州。整形手术确实愈来愈普遍，据调查，接受手术者70%的年收入不到五万美元，30%不到二万五千美元。1993年《健康》（Health）杂志做了一份问卷调查，半数以上的人认为"整形手术会变得和染发一样普遍"。海伦·布兰斯福（Helen Bransford）常听作家丈夫杰·麦金尼（Jay McInerny）提到一位美丽的女星，于是她跑去拉皮。她预言："到公元2000年整形手术可能被视为化妆的延伸，只是多了科技的运用。"接着她还引用历史人物为例："如果埃及艳后的时代已有麻醉方法，她一定是当时的雪儿。"

根据美国整形手术学会的调查，1996年有60万人次接受手术，多数是30岁至

50多岁的白人女性，有色人种约占20％。男性比较常做的手术是矫正招风耳及鼻梁整形（占全部鼻梁整形的24％），不过在皮肤整形一项女性远远超过男性。

美国面部整形手术学会1993年的统计发现，74％的手术者是女性。1996年美国整形手术协会的统计则是89％。虽然眼与脸的拉皮手术名列五大男性手术，但大部分患者还是女性（眼部占85％，脸部占92％）。前面说过，男性在择偶时较易受年龄因素影响。年老色衰在两性都是如此，但男性对女性的评价尤其会随年龄而走下坡。凭照片打分数时更是如此，无怪乎女人要如此费力掩饰年龄。

雌激素缺乏是皮肤老化的重要因素，女人尤其明显。更年期雌激素不足常伴随胶原缺乏，导致皮肤变干变薄而容易产生皱纹。妇科医师鲁道夫·马霍克斯（Rodolphe Maheux）曾为60位修女补充雌激素——修女很少晒太阳，也不抽烟——结果一年内皮肤增厚了12％。其他研究也显示，更年期后的妇女接受荷尔蒙补充治疗，可使皱纹变浅，毛孔缩小，增加皮肤湿润度与胶原纤维数。这里并非鼓励单以荷尔蒙补充治疗来美容（何况这可能造成皮肤疹与黑斑），这些研究只证明雌激素非常有助于保持皮肤年轻与湿润。

将来人们可能不知何谓老化，现在有些人在老化的迹象一开始出现就采取小小的"措施"。最新的方式称为"预防老化（age dropping）"，亦即将整形手术的年龄提早到30几岁，目的是根本不让脸部有老化的机会。王尔德作品的女主角朵莉安（Dorian Gray），在阁楼里藏着记录老化过程的图画，现代人则是完全抛弃任何岁月的证据，或者将来会保留做其他用途也说不定。

晶莹剔透

　　从市面上的粉刺软膏广告和皮肤科候诊室来看，一般人会以为粉刺是女性的问题。女性确实比男性勤于求助皮肤科医师与使用遮粉刺产品，但事实上男性比较容易有皮肤问题。理由很简单，粉刺的生成是因为皮脂过多，皮脂过多则是受到雄激素的刺激。虽名为雄激素，其实两性的肾上腺都会制造。女性卵巢有少量分泌，男性睾丸的制造量却是女性的十倍。

　　青少年都会长粉刺，一般都希望和变声、情绪起伏等症状一样，会随着年龄增长而缓和。但有些人过了青春期还是会长粉刺，年轻女性长粉刺可能是因为雄性荷尔蒙不正常增加或对此荷尔蒙敏感。一项研究发现，寻求粉刺治疗的年轻女性中90%的睾丸激素高于一般人，半数以上有卵巢功能异常，很多人还会有毛发过多的问题。如果是接近更年期的女性长粉刺，可能是雌激素太少，不足以抵消雄激素的作用。

　　女性的粉刺疤痕问题较少，但任何一处瑕疵都会引发严重的关注。原因可能是粉刺与雄激素有关，自然对女性美的展现大有妨碍。当然，这并不是说男性长粉刺就没关系。不论男女，粉刺都是感染的症状，可能衍生出更严重的疾病（麻疹等）或皮肤寄生虫的问题。

空洞的美

　　脸皮下的肌肉在人类的进化上扮演很重要的角色：让脸部能表现出丰富细致的感觉。这也是为什么这部分的肌肉和人体其他部位都不一样，是直接附着在皮肤下的。然而，经年累月的拉扯伸缩会导致瞬间的情感表达余迹犹存。女人的脸比男性多表情，皮肤又比较细致，可恨的表情残迹更是顽固。

　　很多女人抱怨岁月不只使人面露疲态，甚至会留下愤怒的表情。一位妇女说她实在厌倦了，旁人安慰她："笑一笑吧，又没什么大不了的。"人老了为什么不生气也像在生气？这是因为我们的嘴唇会变薄，眉毛会降低，合起来就是生气的表情。人在烦恼或紧张时，甚至会眉头深锁，久而久之，眉间的皱纹便会泄露岁月的悲喜。

　　有一种新的整形手术是将少量的神经毒素注入眉间，可暂时使皱纹肌麻木。经过此一治疗，未来不管有什么懊恼困惑，眉间的垂直线都不会出现。另一个根治的办法是剪掉皱纹肌。然而脸部肌肉一旦被瘫痪，我们要如何精准表达情感？一个人的皱纹肌会纠结起来通常是因为听到不愉快的声音，看到可厌可怕的东西，或看到别人皱眉。表达情感的方式之一是模仿，亦即无意识地模仿别人的表情。颜面肌肉的活动其实与情感经验有密切的关系，也是个人反应的显现。

　　不只上述手法会影响脸部表情，拉眉毛也可能造成经常表现出惊讶的样子。有人研究拉眉毛的效果，同一张脸经电脑修改不同的眉高，请专家观看评价。整形手术师与化妆师都认为与眼窝线等高或较低者为佳。然而研究人员从十六篇知名医学文章搜集一百份手术后的照片，发现所有的眉毛都在眼窝线之上，结果是每个人看起来都像吃了一惊。

　　第五章会进一步讨论脸部五官的改变。皮肤整形的作用在恢复年轻，消除不良生活习惯的痕迹。接受这类手术的主要是女性，她们改变上半边脸的效果是制造一张天真惊奇的脸，减少忧虑愤怒的神色。拉过皮的脸看起来比较活泼，但比

美之为物/隐约之美

较没有威严。目前流行的是面无表情的模特儿。法国哲学家狄德罗（Diderot）说女人的美在空洞的脸，"一张年轻女人的脸……天真、未经世事，因而尚未有表情。"然而这也是年岁渐长的女人想要的脸吗？

保罗·艾克曼（Paul Ekman）是世界上研究脸部表情的知名专家，他认为表情的细微差异也可能受基因控制，和鼻子的形状、嘴唇的曲线一样。表情就像声音或笑声一样是可遗传的，改变表情也可能改变家族的特征。

美丽与肤色

美丽与种族是两个爆炸性的概念，结合起来自是争议十足。然而，我们看到全世界的流行杂志几乎尽是白人模特儿的天下，还是不禁要问：为什么Elle杂志在中国西藏（西藏有八个订户）的版本有亚裔模特儿，但封面仍然是白人。诚如最近《纽约时报》的一篇文章所说的，一个人若是只透过杂志来认识巴西，"一定会以为这是北欧的殖民地……杂志上看到的尽是金发白人美女，只有运动杂志例外"。

没有人知道人类最初是什么肤色，只知道今天全世界棕色的人占最多，也许十万年前地球上所有的人都是棕色的。皮肤的黑色素能保护我们避免阳光的伤害，在赤道地区的萨伊，黑皮肤的原著民鲜少罹患皮肤癌。反观英国与爱尔兰后裔移居的澳洲，皮肤癌是最盛行的。

白皮肤是因应阳光稀少的结果。人体会将皮肤接收的阳光转化为维它命D，再转化为钙。在日晒极少的地区，极白的皮肤能让最大量的阳光穿透皮肤，因而是一项生存优势。有些地方饮食富含维它命D（如以鱼及鱼油为主要饮食的北极因纽特人Inuit），肤色便不是那么白。

白皮肤本身并没有什么特别美的地方，甚至缺点还比其他肤色多。例如与亚洲及非洲人比较，较早有皱纹、雀斑较多、较易长粉刺及罹患皮肤癌。此外，头发较易变白，男人较易秃头、体毛较任何种族都多（除了日本北部原始部落艾那斯人Ainus）。

很多科学家相信，不同地区的人会有不同的肤色与外貌，应该不只是因应气候环境的自然淘汰结果，还有性淘汰的因素。人类的祖先彼此孤立各自发展，也有各自的择偶偏好，可能因此衍生出外貌迥异的后代。

不论择偶倾向与肤色的演变有无关系，有一点可以确定：肤色与皮肤底下的东西无关。遗传学家史佛札（Luigi Luca Cavalli Sforza）说："因为不同种族的肤色差异极明显，我们很容易以为皮肤底下其他基因构造也同样迥异，事实完全不是如此。"人类学家艾·古曼（Alan Goodman）强调，科学事实与人类的偏见不能混为一谈："生物学与实际生活经验是探讨种族问题的两种角度……不同种族的差异其实不大，是种族意识夸大了其间的差异。"

选美的标准是社会地位的温度计。在任何一个国家，掌握经济主导权的族群都会推动该族群的外貌特征为美的标准，其他族群在广泛模拟其强势地位的心态下也往往起而效尤。当然有些普遍的审美标准还是存在的——晶莹的肌肤、亮丽的秀发、丰润的嘴唇等，实际的标准则视当时谁掌握优势地位而定。２０世纪60年代社会学家哈瑞·豪汀（Hany Hoetink）研究西印度群岛的种族关系，发现美貌的标准总是由强势族群决定。外形像强势族群的人比较有机会提升社会地位，也比较可能符合社会的审美标准。

巴西流行杂志为什么尽是白人模特儿的天下？就像在美国一样，这个现象与种族的不平等有关。巴西的种族有1500年移入的葡萄牙人，被其统治的印第安原著民，以及被买来当做蔗田奴工的非洲人。四百年后白人只占巴西公民的40%，却仍掌握最多的财富与权力。1996年一本名为《巴西种族》（Brazil Race）的杂志创刊，为"九千万隐形的巴西人"发声，这些非白人鲜少在媒体出现。这份杂志甫出版一周即卖出二十万册，过去有人说以黑人为封面的杂志绝对卖不出去，编辑阿洛多·麦西多（Aroldo Macedo）自豪地说他们已只手打破这项迷思。

在美国，美的标准不只是白人，而且是以第一波移民的白人为准，亦即北欧与西欧人。欧洲移民屠杀印第安原著民，收买非洲奴隶，建立起单一种族的强势地位。20世纪初的移民主要来自南欧与东欧国家（如意大利、波兰、苏俄等），目前则是以亚洲、中南美洲与非洲移民较多。美国的审美标准只反映了一个事实：北欧与西欧人最早来到这块土地并自奉为精英。在这里美的典范不只是白人，还限定在祖先为英国新教徒的白人。1921年首任美国小姐是15岁金发碧眼的高中生玛格莉·特高曼。1945年的贝丝·麦尔森是第一个也是唯一一个犹太裔的美国小姐，直到1984年后冠才第一次落到非裔美女头上，不过这位凡妮莎·威廉斯小姐皮肤并不黑，眼珠是褐色的。

文化评论家罗德（M·G·Lord）称芭比娃娃为"太空时代的生育女神……代表的不只是美国女人或资本主义的女人，更代表一个超越国家、民族、地域的女性本质。"然而从1959到1980年，这位女性象征都是金发碧眼。马特尔（Mattel）公司直等了二十年才生产第一个黑人及拉丁美洲的芭比。也许是偶然吧，同一年第一位非裔美国女人成为《花花公子》年度玩伴女郎。

1969年有人问纽约某模特儿公司主管，非洲裔模特儿是否是一种"流行"。她愤怒地回答："当然不是，黑人不是短暂的流行。"然而二十年过去了，黑人妇女依旧很难找到同种族的模特儿作为典范。1991年纽约市消费事务部发表一份"隐形人"报告，他们调查了27种全国性杂志及157种流行目录，发现一万多则广告中96%使用白人模特儿。事实上这些杂志的读者群有11%是非洲裔美国人，但广告及内文以黑人为模特儿的分别只有3％与5％，亚裔模特儿更只有1％。

一个名为"妇女与媒体"的团体非常关切媒体中的性问题，1994年他们研究了9种妇女杂志的照片，发现里面尽是瘦骨嶙峋的白人女性——总计250个。黑人模特儿有10个，"亚洲与其他地区"只有6个。

欧洲人及其后裔不太可能永远掌握优势，在美国他们很快会成为少数，甚至消费力也会被追赶过去。美国《新闻周刊》（Newsweek）一篇文章预测，到2050年美国非拉丁美洲白人会降为53%（1995年为74%）。此外，不同族群彼此通婚的情形也不断增加。1990年出生在美国20岁到30岁的亚裔人士，有67%与其他族群通婚。1996年，非洲裔美国人总收入是三亿六千七百万美元，每个人用在化妆保养品上的消费是其他消费群的三倍。1992年，美国美发产品的消费额中34%是非洲裔美国人贡献的。然而，尽管非洲裔族群耗费一亿七千五百万美元购买杂志，广告商仍坚称以黑人为封面会降低销售量，以非洲裔族群为目标读者的杂志更是难以吸引高级流行广告商刊登广告。

人类学家道格拉斯·琼斯（Douglas Jones）认为："只要社会阶级存在，外貌特征又与社会地位有某种关联，审美观难免要受影响，个人与群体的社会地位（尤其是婚配市场上的地位）不只与其政经资源有关，其外貌与优势族群的符合程度也很有关系。"在21世纪来临时，所谓的美国美女可能会有不同的样貌，北欧与西欧金发美女占据已久的宝座恐怕要让贤给更多样的女性。未来的封面女郎也不一定非白人莫属，也许会愈来愈趋近自然吧。

头　发

人的头发约有十万根，每根每年可长六寸，总长可达二至三尺。头发有保护作用，但为什么需要那么长？我们的睫毛虽短，已足以阻挡强光与风沙。眉毛可保护眼睛不受阳光汗水的伤害，甚至还可作为脸部表情的一部分，达到沟通目的。体毛是性成熟的象征。头发则似乎没有太大的作用——除了吸引异性以外。

当女人开始玩弄她的头发，甩头或拨弄头发，可能表示她对你有兴趣。社会科学家整理出女性吸引对象的典型三部曲：舔嘴、甩头、拨弄头发。头发确实有很丰富的感官意涵：有颜色、亮度、质感、香气和动态。

1548年意大利僧侣作家费伦佐拉（Agnolo Firenzuola）写道："女人若是没有美丽的秀发，就算长得再美也缺少魅力与光彩。"晶莹剔透的肌肤是人们最渴望拥有的，一头秀发则是紧追其后的第二名。1993年《魅力》（Glamour）杂志做了一份调查，结果半数以上的女性同意下列说法："只要头发漂亮，不管我穿什么衣服或长得怎样，我都会觉得很迷人"，"只要头发不对，怎么样都不会觉得自己好看。"

女人的头发被视为极具性诱惑，在很多文化里，女人在婚前必须把头发遮起来以免引诱犯罪。在公元第一世纪，一位罗马妇女便是因为没有遮住头发而被丈夫提出离婚。犹太教法典说，妇女外出而未完全或部分遮住头发，丈夫可无条件与其离婚。到今天，正统犹太教妇女结婚后都会用头巾遮发或是戴假发。修女等于嫁给了耶稣，头发当然都要包在布巾里。古希腊女人结婚当天便把头发剪掉。16世纪的意大利女人可以披着长发，但一结婚就得戴上头巾，或是用网子网起来。

男人和头发之间也有复杂的爱恨纠结，还记得《圣经》里那个剪去头发便失去神力的参孙吗？这可是反映了很多男人的心声。1990年心理学家汤玛士·凯西（Thomas Cash）做了一项有趣的研究，主题是人们对秃头的观感。他发现男女都认为秃头男士较懦弱，较不具吸引力。凯西的另一项研究发现，75%受访的秃头男士对自己的秃头很在意，40%的人会戴帽子遮掩。拿破仑的管家透露，当年拿破仑与苏俄沙皇亚历山大会面讨论欧洲政治，到后来谈的却是如何治疗秃头。

养发

　　人类的头发并不少，却总有人费尽心思增之长之。从新几内亚高地到美国的商场，养发都是竞争激烈的事业。新几内亚高地的部落认为祖先的灵魂居住在头发里，秃头代表祖先弃你而去。男人要追求女人时，会制作一顶大型假发，材料是真发混合黏土再缝在藤架上，用蜡硬化，涂上颜色，以藤蔓、甲虫、卷发、毛皮装饰。

　　英文以"大假发（bigwig）"一词代表达官显要，源于欧洲男性贵族习惯戴着一大顶假发。17、18世纪之交，男人的假发发型是中分、两边隆起、卷发垂及肩膀以下。有人讽刺这副长相是"发海里长了一颗小粉刺（意指脸）"。

　　电影《周末狂热》里约翰·特拉沃尔塔准备要去舞厅，他提醒父亲："别碰我的头发。"摇滚歌星若没有引人注目的头发，仿佛就没有搞头了。有人问詹姆士·布朗（James Brown）头发为什么梳那么高，他说："这样每个人一眼就看到我在那里。"披头士是最早以长发为注册商标的，后来长发成了男性叛逆、反传统及参孙式神力的象征。

　　在一出模仿20世纪60年代发型的滑稽剧里，黛比·哈利（Debbie Harry）的发型庞大到可以藏一颗炸弹在里面。纵观历史，女人不断尝试从各个方向伸展发丝。17世纪中泰瑞莎（Infanta Maria Theresa）到法国嫁给路易十四世时留着非常特别的发型，上面窄、中间长、底端极宽，这个发型可以在西班牙画家维拉斯凯（Diego Velasquez）的画作中看到。三百年后美国又出现同样的发式，据说有的宽到14英寸之多。不过，宽发型总是不及长发或梳高来得流行，最高的发型出现在18世纪末的欧洲贵族头上。当时在贵族妇女间头发已成为艺术品，她们在头发里塞进羊毛或马毛团，以发蜡或面粉固定，最后饰以风景或战争场面的图饰。1780年圣保罗教堂的大门被加高四英尺，为的就是让高发式的妇女进入，这些女人为了头发付出不少代价，坐马车时必须弯腰驼背，睡觉时也要仰躺才不会破坏发型。

放下你的发

人的头发每个月约长半寸，一二十岁是生长最快的，尤其是１６到２４岁的女孩，到中年时成长速度才减缓。头发若是都不剪，可长到二至三尺。根据1949年的一份报告，史上头发最长的是印度一位僧侣，总长26英尺——大约是一个人活到50岁从不剪头发的长度。

多数男人喜欢长发女子，文艺小说浪漫故事的男主角也常常是一头长发。正如19世纪巴黎美发师克罗赛（Croisat）所说的："谁看过夏娃、维纳斯或美惠三女神（Graces）被画成俏丽短发？"弥尔顿在《失乐园》(Paradise Lost)里将夏娃的发型塑造成小卷的金发，波提切利（Botticelli）与提香（Titian）笔下的裸女也是长发飘飘。神话故事中罗蕾莱（Lorelei）在莱茵河上歌唱，柔滑似水的金发诱引过往舟客，他们只消转头看她一眼便枉送性命。

我们喜欢长发的一个原因是头发可以透露一个人丰富的信息，除了反映一个人的心态、喜好、自尊、品味、性别、年龄等等，也是一部身体的活纪录。人体最外层的皮肤可能一个月就脱落，但一头过肩的长发却必然已有数年的历史。从头发可以看出你的饮食习惯、服用何种药物，以及头发存活期间你的健康情形。说起来也许不太浪漫，但长发之所以美丽可能是因为上面写着我们的生活历史。

而且头发愈长，泄露的秘密愈多。济慈死后一百六十六年，波恩嘉纳（Werner Baumgartner）医生分析他的一缕头发，发现其中含有鸦片。每一根头发都有血管，也就能反映流经体内的各种成分。因此任何药物不管是阿司匹林、血液抗凝剂、治甲状腺药都会影响头发的健康。现在有些药物测试公司已在实验改以头发分析取代传统的尿液分析。

留不住烦恼丝

　　一般人谈到秃头想到的多是男性，女性确实比较没有这方面的问题。不过，每个人的头发都会随着年龄而变细变少，女性也不能避免。掉发的元凶之一是压力，压力导致肾上腺素增加，促进胆固醇与睾丸激素的分泌。女性在更年期之后掉发问题较明显。

　　不管任何年龄，头发的生长都受到健康与饮食的影响。在牧草贫瘠的季节，羊毛也会长得比较稀疏。以马利诺羊为例，羊毛的重量因季节好坏可以有四倍的差距。毛发生长的潜力是基因决定的——不管饮食多丰裕都不能超过基因的上限，但在上限以内有很大的变化空间。厌食症者常有掉发现象，缺少铜、锌、铁、维它命A、E及其他营养都可能伤害头发。生病时人体可能必须隔离营养素，与其他部位相较头发的重要性较低，铁或蛋白质的缺乏往往便反映在头发上。头发受到荷尔蒙的控制，也因此男人有胡须、胸毛、易秃头，女人则否。奇怪的是，秃头与多体毛都与雄性激素有关，因此青春期以前被去势的宦官绝不会秃头。不过，这对秃头的男士恐怕没有太大的安慰效果。

　　但不管一个人雄性激素有多少，是否会秃头还是基因注定的。据统计约有五分之一的男士30岁以前就秃头，但有五分之一到60岁以后仍然满头茂发，其他的人则是慢慢变稀疏。治疗秃头没有特效药，却引起广泛的研究兴趣。1988年美国食品药物管理局核准敏乐定（Minoxidil）为治疗落发的药物，使该药物一夕间身价百倍。这原是治高血压的口服药，却能促进额头与眉间的毛发生成。以含有敏乐定的落健（Rogaine）涂抹头部后，25％的人会长出少量头发（但停止使用又会脱落）。现在又有一种直接对荷尔蒙产生作用的新药普罗佩西亚（Propecia）出现，据称是第一种可防止头发脱落的药物。

　　由于有报导指称使用敏乐定可能与心脏病有关，落健的制造商出资赞助相关研究，研究对象是六百多名55岁以下因非致命性心脏病住院的男性。结果发现，某些秃头确与心脏病有关（不管有没有使用敏乐定）。一般人总觉得前方秃头较不雅观，事实上只有严重的顶上秃才与心脏病有关。研究人员认为，顶上秃与心脏病可能都与男性荷尔蒙二氢睾丸酮有关。男士们在烦忧顶上问题之前，也许应该先关心健康的警讯。

到目前为止还没有治疗秃头的特效药。公元前4000年人们使用的方法是用狗掌、枣椰子及驴蹄碾碎炒油后，用力涂抹在头上。今天的人则是抹落健、戴假发或其他"头发替代机制"，有的则是将另一边的头发梳过来遮住。美国有四千万男士秃头，无怪乎植发是男士整形手术最普遍的一种。

最新的趋势是将头发剪得非常短，篮球明星迈克尔·乔丹及很多运动员、演员都是。这个做法可使原来的发线模糊不清，去除有关头发的所有证据（如原来是浓密或稀疏，是黑色或灰白）。你不再看到茂林或童山，而是平原一片。男性秃头的一大问题是发线倒退，永远清楚地提醒旁观者原来那里有头发，现在没有了。旁观者总忍不住在心里想象原来有头发的模样，把头发全部剪短则是一劳永逸，有谁记得迈克尔·乔丹留头发的样子？

剃短头发是对秃头问题先发制人的行动，大胆涂消岁月的印记，此外还有夸大体魄的效果。头小则肩膀与身体看起来较硕大，因此练健身的人多喜欢将头发剃短，利用头与肩膀、身体的对比突显胸膛的宽厚。

狂恋金发

染发剂光是金色就有500种之多，有草莓金、白金及各式各样的金黄。制造商估计，美国有 40%的妇女染金发。社会学家葛兰·麦奎肯（Grant McCraken）说："在这个文化里金发犹如航空信号灯，装置在每个男性的航行器上。"天生的金发很少见（小孩子较普遍），一般比黑发或红发的人浓密细致，金发的人约有140000根，黑发有108000根，红发约90000根。

弥尔顿的夏娃与但丁的贝特丽丝都是金发，古埃及人喜欢戴金色假发，希腊罗马妇女看了北高卢人后也爱上了金色假发。金发是贵族的特色，但在某些时期又是妓女的象征。童话故事女主角、结婚蛋糕上的新娘、圣母玛丽亚像大部分都是金发的。

当科技进步到染发普及化时，果然是金发处处见。第一种商业普及化的染发剂出现在1930年，1931年影星金·哈露顶着白金发为好莱坞写下新页。之后荧幕上便出现了一系列与金发有关的电影——《金发维纳斯》、《狂恋金发》、《金发热》、《白金发》、《金发陷阱》。其中最有名的一部在1953年上映：《绅士爱金发》。家庭用金发染料在20世纪50年代问世，厂商不遗余力大发金发财，各种广告词极尽夸张之能事——"如果只能活一辈子，我要当个金发女郎"、"金发人生更多彩"。最有名的广告词是克莱儿（Clairol）忸怩娇羞的那一句"她染了吗？"似乎暗示女人的发色与性接受度有关。

雷蒙谦尊认为，金发特别受欢迎是因为金发女子恰巧皮肤都较白皙，而男性特别偏爱白皮肤。但有人认为金发本身有其魅力，就像白皮肤一样，金发给人年轻无邪的联想。在好莱坞赋予金发性感危险的形象以前，金发女郎总是甜美可爱的，黑发女人才是又世故又危险。

在阿奇（Archie）漫画里，可爱的贝蒂是金发，狡诈的维诺妮卡则是黑发。电影《乱世佳人》的郝思嘉是黑发，善良的梅兰妮则是金发。迪斯尼的《灰姑

娘》里，灰姑娘是金发碧眼，邪恶的继母与姐妹不是黑发就是红发。许多童话故事女主角都是金发。唯一的例外是白雪公主，她母亲的愿望是生一个孩子"白如雪，红如血，黑如窗棂"。

光是从照片判断个性时，一般人多认为金发的人较懦弱、顺从、不聪明，不知道这是不是媒体塑造出来的形象。心理学家杰洛米·凯根（Jerome Kagan）研究过婴幼儿的性情差异，发现皮肤白的孩子——尤其又有蓝眼睛时——比黑眼睛的孩子害羞内向得多，最容易害怕新情势，犹豫接近他人，与陌生人相处最安静，也最黏母亲。棕眼的孩子比较大胆。凯根推断，恐惧新事物与黑色素生成、肾上腺皮质素的分泌等可能是相同基因的作用结果。

凯根自有一套理论：移民到北欧的人必须维持体温适应当地寒冷的环境，提高交感神经系统的效率与正肾上腺素便有提高体温的效果。问题是这会同时导致神经系统较敏感，性情变得较胆怯。但这些和黑色素有什么关系？正肾上腺素增加会抑制眼睛虹膜黑色素的生成，糖甾（glucosteroid）的增加同样会抑制黑色素生成。因此他推论，金发、碧眼、害羞可能都源于同样的基因。也许就是因此金发总给人纯洁的印象。至于金发为何对男性特别具吸引力，恐怕只能靠猜测了。

好发与坏发

当非洲裔模特儿娜欧米·坎贝尔或艺人蒂娜·特纳顶着一头金发时，有人批评她们想要模仿白人的模样成名，或指责她们全盘接受白人的审美观。变装皇后鲁波（RuPaul）深不以为然："我戴金色假发并不是抛弃黑人的身份，金发不会让我变成白人，我也不想变。戴金色假发的理由很简单——流行，我希望制造很耸动的效果，金发配上黑皮肤就是最最耸动的组合。"棒球明星丹尼斯·罗曼（Dennis Rodman）无意让自己看起来像白人，就好像他的前女友麦当娜也无意消灭她的意大利血统，虽然这两人都把暗色头发染成金黄。

不过，对非洲裔妇女而言头发可是高度政治化的议题。不管是要留自然发型或黑人圆蓬头、辫子头或玉米田型或直发都具高度争议。在20世纪60年代以前，多数非洲裔美籍男女都梳直发，现在也仍有75%的非洲裔美籍女性会梳直。

直到最近留长发的美国黑人女性在发型上比较有变化。以前辫子头与玉米头并不常见，现在却很普遍，甚至连金发白人也留起玉米头。

根据心理学家雪妮·哈里斯（Shanette Harris）的观察，蓄长发的美国黑人女性中，留辫子头及圆蓬头的多是中上层阶级。显示随着经济力的提升，会有愈来愈多女性留自然发型，也表示至少部分梳直发的人是为了合群及提升社会地位。在美国黑人社会中，头发确实是不小的问题，几乎就像白人社会中体重的问题一样重要。可见头发是有特殊意义的。

别人觉得我漂亮我当然很高兴，但这实在只是眼睛鼻子间公厘米差异的数学问题。

——宝莲娜·波利科娃

人的脸就像一种东方神——许多张脸并列在不同的平面上，根本不可能同时看清楚全部。

——法国小说家普鲁斯特

美丽的脸

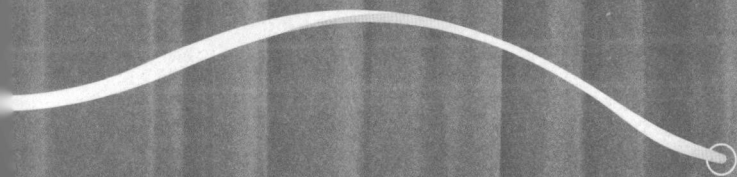

1574年荷坦修・巴洛米欧（Hortensia Borromeo）收到远游的丈夫寄回来的画像，她在信中真情流露："看到你的画像，我的心涨得满满的……不可抑制地一再细看你那俊美的脸庞……顿时忘了整个世界。"据说维多利亚女王习惯戴着一只图章戒指，上附家人的五张小照片，透过珠宝放大镜始能看到。世界上最能吸引注意力、最具沟通力量的莫过于人的脸庞。

我们为何会对人的脸特别感兴趣？人类学家马文・康纳（Melvin Konner）认为最初可能是为了辨识自己的族人。我们脸部的五官与线条遗传自祖先，但后天的因素会留下个人的印记——年龄、健康、生活习惯会刻下基础线条，短暂的喜怒哀乐也会留下轻淡的涟漪。生活的历练让每个人成为解读脸谱的专家，能够轻易辨识每一张脸特有的曲线与角度，每一次情绪转换时眉梢嘴角的细微变化。1883年科学家法兰西斯・高尔顿（Francis Galton）说："人类脸部的差异何其巨大，否则如何能在无数张陌生脸孔中辨认出其中之一，其实这些差异往往细微到难以测量。脸部表情是众多细节的总和，我们却能在极短的一瞥之间一一辨识。"

我们几乎凭直觉就可分辨一张脸的美丑。这是有实验根据的，哈佛牙医学系讲师唐纳・吉登（Donald Giddon）利用一种电脑软件，让实验者用鼠标修改荧幕上的脸孔，只要觉得有不满意之处便放松鼠标，直到觉得最满意时再按下。吉登发现，五官极细微的变化对美丑的影响甚大，有时只是增减一公分就能由美转丑。

不同种族有不同的体形、肤色与五官特征，一部分是适应气候的演化痕迹。例如鼻子，空气经由鼻子进入肺部，在干冷地区空气进入肺部以前必须先使其温暖变湿，于是演化出长而窄的鼻子，北欧与中东地区的人们便遗传了长鼻梁窄鼻孔（减缓空气进入的速度）。反之，湿润的地区需要的是短而宽的鼻子，而这正是很多非洲与亚洲人的特征。

在寒冷日照多的地区阳光会反射雪光，眼睛需要额外的保护。这时最佳的设计是让眼睛长得细长且周围多脂肪——这是北亚人的特征。不过，有些身体特征（如眼睛的颜色）虽具种族与地区性，却没有生物上的功能，可能只是反映出某种历史事件或祖先恰好有某种择偶偏好。例如在与世隔绝的小社会里，创始者的身体特征可能因其强势地位而代代相传：生物学家称之为"创始者效应"。

欧洲人初次接触亚洲、非洲、南太平洋的人时，对彼此面貌的差异大感震惊，一般的反应是觉得不敢恭维。人类学家爱德华·威斯特玛（Edward westermarck）形容一位大溪地人："他们的英裔母亲竟然把自己的鼻子拉得这样长，真是可怕！"达尔文的朋友告诉他，中国人觉得西方人的"凸鼻子难看得很"。欧洲人则是觉得中国人的鼻子"宽得过分"，达尔文的同事还说，（非洲南部）霍屯顿人、马来人、巴西人与大溪地人"故意把孩子的鼻子与额头压扁，认为这样比较美丽"。

眼睛也引起不少争议。日本经过半世纪的与世隔绝，1860年首度派遣武士前往美国，他们观察发现西方女人的眼睛像"狗的眼睛"，看了让人"万分沮丧"。西方人同样惊异一半的亚洲人竟然是单眼皮，有些甚至眼泡浮肿。西方人习惯于以眼睑翻阖传递情绪，觉得亚洲人的眼睛简直

木然无表情，咪细的形状尤其显得眼睛小，总让人怀疑是睡眼惺忪。

不同种族最显著的差异应该是肤色，很多地方的人初见欧洲人时都误以为是鬼魂或幽灵。1930年澳洲人迈可·拉赫（Michael Leahy）到新几内亚山区探勘，当地族人一看到他"立刻吓呆了……一个老家伙张大嘴巴小心翼翼走过来摸我，似乎要知道我是不是真人。接着他跪下来用力搓我的腿，可能要看看我的肤色是不是涂上去的"。他们不相信这些侵入者是真人，便偷偷观察他们是否会排便，奉命侦察的人回报："他们的肤色虽然不同，排的便却一样的臭。"达尔文的报告也说，"非洲摩尔人看到白人便皱起眉头，并开始颤抖"，摩尔人同样认为只有鬼魂才有白皮肤。

18世纪与19世纪初的欧美人对自己的种族与外貌有强烈的优越感，也因此达尔文要特别告诉读者，"野蛮人"竟然欣赏同族的女人："我听说野蛮人对同族女性的美貌很不讲究……矛盾的是那些女人似乎非常细心打扮自己。"他还提到欧洲人的美貌并不是所有文化认同的标准："对一个黑人而言，最美丽的欧洲女人也不及一个略有姿色的女黑人。"他搜集到的另一个资讯是："泰国女人鼻子小鼻孔分向两边张开，嘴大唇厚，脸也大……但泰国男人仍然觉得本国女人比欧洲人美得多。"

为什么各种族的人都偏好自己人的长相？理由之一可能是种族主义，其次，甲族的特征在乙族中可能是疾病或畸形的症状。白皮肤之于非洲人是极少见的，容易与白化病等天生疾病联想在一起。某一种族的五官对另一种族而

言可能是形状或大小的极端，因而显得畸形。如果我们平常看到的都是塌鼻子，看到高鼻子的人自然会特别注意。初次看到某一种族的人总会觉得看起来都一样，不是因为他们太不同，而是因为都是同样的不同。伦敦的国家画像馆有一间专门展示18世纪吉凯特（Kitkat）俱乐部的会员（维新党政客及其他文人组成），每一个都戴着夸张的白色假发，看上去都一样。但只要你站在里面够久，就会开始注意到其间的差异。第一次看到外国人的经验大概就是如此吧。

多数人都会觉得本国人比外国人容易辨认，这在目击证词的研究中已得到印证，对外国人较容易做出错误的指认。有趣的是外国男人又比外国女人更难辨认，原因倒不是种族态度的问题，而是与他族接触的经验有关。外国人乍看之下五官发色各方面差异都不大，但常接触就能轻易辨识个别的不同。

通俗美

　　不同种族的人也许各怀优越感又常产生误解，同时却也总是彼此吸引。在整个世界宛如一个地球村的今天，国际选美比赛一直广受欢迎（虽然很多人抱怨太偏好西方人的标准）。我相信确实存在某种对美共通的理解，只是这个标准可能很难有确切的定义。读者也许不知道，即使是三个月大的婴儿也喜欢凝视美丽的脸，包括不曾看过的种族。近年来科学家对普遍性的美开始有深入研究的兴趣。

　　我们发现每一文化大体有某种一致的审美观。1960年伦敦一家报纸刊登十二位少女的脸部照片，请读者选美。结果全英国有4000多人回应——涵盖各社会阶层，年龄从8到80岁不等，他们的评选竟然相当一致。五年后类似的调查在美国进行，有10000人回应，评选结果也是大同小异。之后又有心理学家以更严谨的方式进行类似实验，得到的也是同样的结果。人们坚信美是见仁见智的，但表现出极相似的审美观。

　　年龄或性别对一个人的审美观没有太大的影响，前面说过，三个月大的婴儿会长久凝视大人美丽的脸。让7岁、12岁、17岁及成人共同选美（不管被选的是小孩或成人），评选结果并无多大差异。男女欣赏女人的标准也是约略相当。男人常以为自己不善评断同性的外貌，其实他们的审美标准与女性颇为一致。

　　这种高度的一致或许只是反映出西方媒体散布特定审美观的效果，但研究显示不同文化也有共同的审美观，而且不受媒体形象左右。人类学家道格拉斯·琼斯（Douglas Jones）与金·希尔（Kim Hill）在这方面有相当广泛的研究，他们比较了两个与世隔绝的部落——委内瑞拉的希维（Hiwi）印第安人与巴拉圭的阿契（Ache）印第安人以及三种西方文化——巴西、美国、苏俄。阿契人与希维人到1960年代以前一直以采集打猎为生，只见过少数的西方人类学家与传教士，没看过电视，两个部落也没有接触过——这是两种各自独立发展了数千年的文化。琼斯与希尔研究发现，这五种文化都有自己清楚的审美标准。两个希维人选出的美女是很一致的，就好比两个美国大学生的看法不会相差太远。不管其审美标准是如何形成的，可以确定与媒体塑造的形象无关。

专家就各民族做过跨文化研究——澳大利亚、奥地利、英国、中国、印度、日本、韩国、苏格兰、美国等，发现不同民族或文化对美丽的脸孔有相当一致的标准，当然，在评断同族脸孔时一致性更高。

琼斯与希尔的研究方式是请五种文化的人评断各种脸孔的美丑——包括印第安、非洲裔美国人、亚裔美国人、白人、混血巴西人等各种脸孔，结果发现五种文化的评断标准大同小异。所谓小异——阿契人与希维人的同质性高于他们与西方人的共通点。这并不是因为他们有共同的文化（实质上文化并不同），而是他们的五官较相近，在比较自身与评选对象的异同时容易产生类似的心理。举例来说，阿契人从来没见过亚洲人，会注意到彼此的相似处，觉得好奇受吸引。他们给非洲裔美国人的分数较低，背后称呼白人人类学家为"长鼻子"，甚至给其中一人取了外号"食蚁人"。

希维人与阿契人从未见过亚洲人或黑人，只见过少数白人，也不习惯使用科学家的评分方式。正因如此，他们与西方人的任何共同点都很耐人寻味。琼斯研究出下列几项共同点，五种文化的人欣赏的脸孔有类似的几何比例，例如女性偏向脸颊较娇小、眼睛较大（相对于脸的比例），琼斯认为这是"夸张的青春标记"，其他跨文化审美观研究也发现同样的偏好。心理学家迈可·卡宁汉（Michael Cunningham）研究发现，不管是亚洲、拉丁美洲、非洲、加勒比海、或白人美女，共同的特点是眼睛大而分开、高颧骨、小脸颊、嘴唇丰厚。

人们对何谓美丽的脸孔似乎有很高的共识，且倾向欣赏类似的五官比例，在这方面个人的品位并没有我们想象的那么重要。进化心理学尚未能精确描绘出美丽的脸，但从下面的研究结果可以推断，套用人类学家唐纳·赛门斯的说法，美可能是适应环境的结果（adaption of beholder）。

美丽可以计算？

　　究竟什么是美？几千年来最常听到的答案是：数字。数学化的美学理想可远溯及毕达哥拉斯、柏拉图、杜瑞（德国画家）、达·芬奇及其他文艺复兴时期的艺术家。关于美的理想，古典派的核心概念是统一与秩序。公元前 1 世纪罗马建筑家维特鲁维亚（Vitruvius）画过一幅"人的典范"，他的脸均分成三等份，头部是身高的八分之一。16世纪圣方济修道士鲁卡·帕西欧利（Luca Pacioli）发表《神圣的比例》（De divina proportione），认为人体是万物之美的缩影："一切量度标准皆源于人体，上帝借人体的比例展露大自然的奥秘。"这本书的插图是达·芬奇的作品，包括最有名的"人的典范"，画中人手脚皆张开，整个人恰落在一个正方形与圆形之内。

　　整形医师很可能都看过达·芬奇或杜瑞描绘的美的形象，毕竟他们必须将抽象观念具体落实，担负重建美丽脸庞的重任。他们遵循的标准是什么？一位整形医师说："我常画好计划图后……苦恼好几天，不能确知照图手术后是否会变得更美。"

　　然而根据人体测量学家李斯利·法卡斯（Leslie Farkas）的说法，文艺复兴时期标榜的人体典范"根本不切实际"。他研究九部文艺复兴的经典，然后测量数百名女人的脸部比例加以比对，诸如鼻子的宽度是否等于两眼的距离，两眼的距离是否等于一眼的长度，嘴宽是否为鼻宽的一倍半，鼻宽是否为脸宽的四分之一，古经典还预测耳朵与鼻子的高度斜度应相当。

　　法卡斯发现，有些比例根本不存在任何人身上或仅适合极少数人，有些看起来并不美丽，或是对美丑毫无影响。值得一提的是法卡斯只测量白人女性。整形医师小厄尔·麦托利（W.Earle Matory, Jr.）测量400名各种族的美女，发现只有少数脸型狭长的白人符合古书鼻宽等于眼距的比例，亚洲人、非洲裔美国人及拉丁美洲美女都不曾见过这样的比例。亚洲人与非洲人的鼻子通常较宽

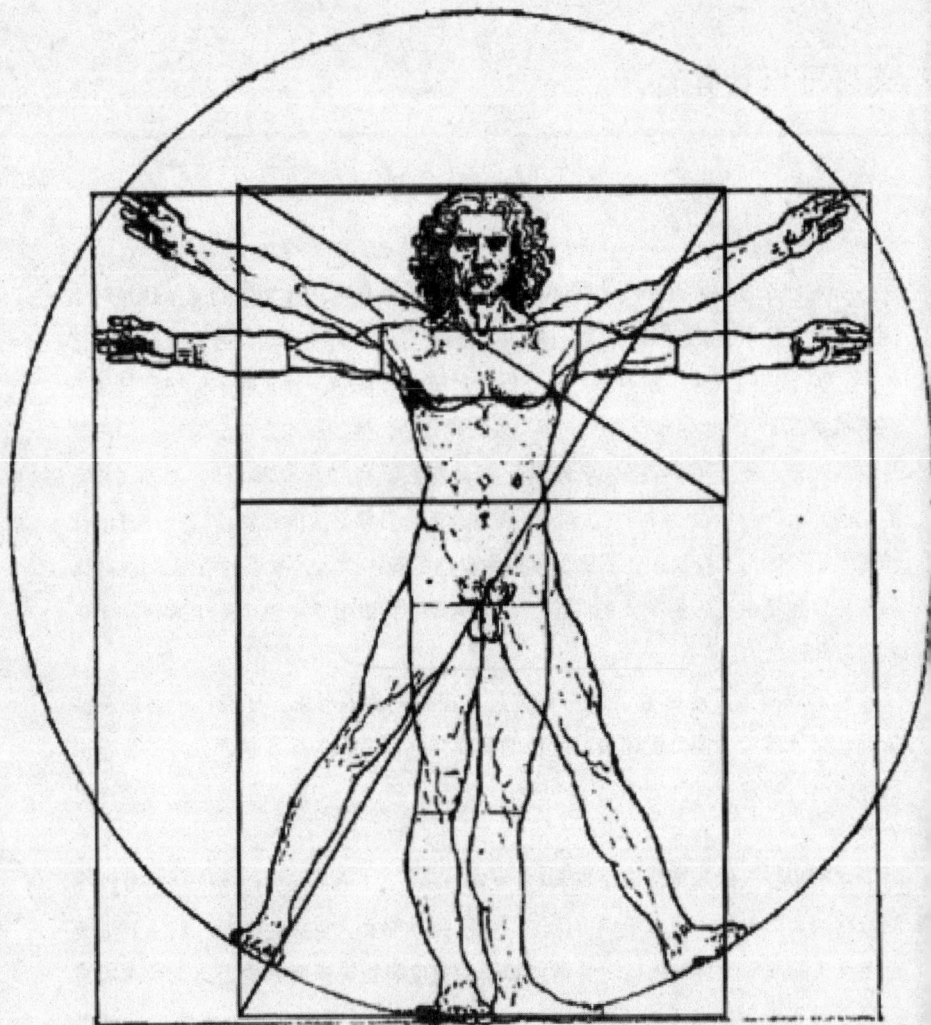

扁，倾斜角度也不同。有些整形医师为求窄化鼻子，结果做出有凹痕状似三角形的怪模样。

然而，人们仍无法轻易放弃将美量化的尝试。于是出现所谓的黄金分割比率，英文名为（Phi），以希腊雕刻家菲狄亚斯（Phidias）为名。意思是线或图形分割后小部分与大部分的比率等于大部分与全部的比率（等于1：1.618），这个分割比率被认为是最美的。符合这个比率的四边形称为黄金矩形，被认为是最悦目的四边形。

很多生物形式都符合黄金比率，远的不说，人的每根手指三个指节就是，由最底部一节往上各为下一节的1.6倍左右。热心的人手上拿着一把尺，立刻发现从贝壳到花瓣到建筑物到处都是黄金比率。五角星形是毕达哥拉斯学派的象征，长短线依序全部符合黄金比率。黄金比率也表现在美妙的诗歌音乐中，包括巴赫D小调赋格曲与俄国诗人沃兹内森斯基（voznesensky）的《歌亚》（Goya）一诗的叠句。

德国心理学家古斯塔·费科纳（Gustav Fechner）第一个将黄金四边形列入科学心理学的研究。1876年他在黑色桌子上放置10个不同比例的白色四边形，请实验者选出最美的。结果 35%选择黄金四边形，40%选择接近黄金比率者，没有人认为黄金四边形是最不美的。接着费科纳就二十二间博物馆与画廊的2万幅画进行比例分析，发现杰出作品的高度宽度比不见得符合黄金比率。费科纳实验已过了一百三十几年，关于黄金四边形是否最美又为什么最美的问题仍然没有答案。很多人斥之为"数字的幻觉"，但也有人坚持这是脆弱但真实的现象。

四边形的美丑已很难定义，更遑论以黄金比率来界定复杂的人体。艺术史学家肯尼斯·克拉克（Kenneth Clark）指出，"罗马建筑师维特鲁维亚的人形比例根本不是美丽的保证。从严格的几何学角度来看，大猩猩可能还比人类美丽"，因为大猩猩的四肢才符合圆与四方形。

很多人尝试找出美丽的脸孔与黄金比率的关系，其中尤以牙齿矫正医师罗伯特·瑞克斯（Robert Ricketts）的测量最广泛。他研究十个漂亮模特儿的脸，发现水平、垂直、深度以及X光照射的骨骼都符合黄金比率，甚至连牙齿的形状大小都符合。从这个角度来看，人的脸有一种抽象的美，就像蜂巢一样整齐和谐。整形医师小厄尔·麦特瑞（W.Earle Matory, Jr.）也发现，美丽的亚洲人、非洲裔美国人、中东人都有符合黄金比率的例子。

目前为止的研究都只是以美丽的模特儿为对象，还没有人比较过美丽与不美丽脸孔的比率差异。也许1：1.6是一般人身体某些部位的比率，但无助于分辨美丽与平凡或美与丑。人的脸有很多点可以测量，从发线到眉毛、眼睛、额骨、鼻孔、嘴巴、下颌等，有些地方符合，有些则不符。一张脸可推算出数百种指数，可以找出一种以上的比例也是很正常的，更何况黄金比率常是以约略值计算。目前为止还没有人提出一套适用整张脸的测量系统。

黄金比率或许对整形手术医师有参考价值（实际效果还要经比较统计才知道），但目前为止尚没有任何数学程式可捕捉整个脸部美丽的秘密。对20世纪的科学家而言，了解人体美的关键在生物学而非数学。

偏爱中庸

　　美丽生物学的滥觞始于达尔文的表兄弟弗朗西斯·高尔顿（Sir Francis Galton）的研究。高尔顿不仅是探险家、优生学家、统计学家，还发明了指纹印与高尔顿哨子。19世纪７０年代末，费科纳在德国宣扬他的完美四边形，高尔顿则是在英国制作罪犯的合成照片。两人的活动看似不相干，最后证明高尔顿的照片对人体美的研究更具影响，这一点连他本人都没想到。

　　高尔顿先拍下杀人与暴力抢劫罪犯的照片，以瞳孔为基准重叠制作出有些模糊的单一脸孔。他认为个别的脸是同一主题的变奏，都属于同样的类别。他认为人会根据统合的记忆形成一般印象，因此他的组合照片可说是心理意象的复制。

　　令他惊讶的是合成照片比每一张个别的脸都漂亮，而且非常漂亮。比较之下他发现"个别罪犯的邪恶特质在合成照片中都不复见……个别脸孔的不同缺点在组合照中全消失无踪"。

　　高尔顿并未继续追踪研究，可能因为漂亮的罪犯无助于证明他的论点。他在英国四处旅行，口袋里放着一张地图和一些大头针，制作英国的"美丽地图"。每当看到一个美丽的人，他就在地图上扎一根针。结果伦敦插了许多针，苏格兰的亚伯丁则是一根也未插。这份地图并未导引出更多发现。

　　但他所发明的组合摄影却留存了下来，19世纪末与20世纪初，开始流行将家人、朋友、同学融合成一个人。人们的心态大致如一位女士所说的："能够在一张脸上看到所有的好友实在太好了。"观看组合照片的乐趣在于分析彼此的异同，拆解五官与寻找不同的脸。此外也可能如高尔顿所说的，组合照片是偷自内心生活的场景，从照片中可以窥见隐藏的内心。

　　现在科学家可以利用电脑将数百个影像融合为一，在欧美日都有实验室借此测试中庸之美。参与这类研究的人大概都会同意高尔顿的说法：融合而得的中庸脸孔通常比个别脸孔美丽。融合二三张脸可以改进一些小地方，融合三十几张脸当然美丽许多。很少发生个人比组合结果美丽的情形（稍后再讨论这些特例）。

多数人看到美丽的脸孔时不太会想到"中庸"二字，但这里所说的中庸不是相貌中等，而是形状界于中间值。世界上的人鼻子有长有短，眼睛有杏眼圆眼，脸有圆形椭圆，唇有厚薄，上唇较突出或下唇较突出。我们看到一张脸时，立刻做出加总再除以总数的统计，得出一个中庸值。这种中庸之美可能反映出我们对大自然最佳设计的敏感度。

在自然界里中庸通常意味着健康与设计良好。暴风雨时死亡的鸟有很高比例是翅膀过长或过短的，存活者的展翅宽度恰可提供最佳的升高与飞翔控制。婴儿出生时过轻或过重的也是夭折率较高。在自然界中庸与健康的关系确实非常密切，生理学家乔安·柯斯莱（Johan Koeslag）认为，对中庸的偏好可能是动物择偶的天赋机制。他称之为偏爱中庸现象。

1979年人类学家唐纳·赛门斯（Donald Symons）提出一个很新的观念，认为美丽脸孔的秘密在于中庸。一个族群的平均值很可能就是身体特征的最佳设计，自然淘汰的压力使人脑发展出一套机制计算出平均值及特别偏好。赛门斯称之为"脸部平均机制"，认为其功能类似组合照片。脑部搜集各种脸型的印象，组合成美丽的标准，每当看到新的面孔时便以此标准衡量其美丑。由于人类都是在孤立的小族群里演化，每个人组合出来的脸孔可能差异不大。但今天每个人搜集的脸孔群可能差异较大，审美观也就可能见仁见智。

赛门斯的预测是以进化生物学为基础，他指出，在多数时期进化的压力都不利族群中的极端分子。如果这个稳定的淘汰原则确实存在，表示具有一般特征的人存活几率较高，以中庸特征吸引配偶当然也是生存之道。

如果说美就是中庸，就不可能是脑中预设一个理想典型作为比较的标准。搜集脸孔并加以平均的机制是与生俱来且普遍存在的，至于形成何种组合则视所搜集的脸孔而定。因此在一个多元文化的社会里，所谓的中庸之美可能会开始反映所有种族的特征。

美国脸部整形手术学会记录了20世纪50年代到90年代整形手术的演变，得到一些很有趣的发现。例如他们发现眼皮从极大慢慢变小，50年代的鼻子流行上仰细瘦，尾端如雕刻一般，到90年代则喜欢鼻梁稍宽，鼻尖丰厚一些。化妆风格也反映出这些改变，30年代葛丽泰·嘉宝等明星的大双眼皮现在已很少见，肤色也不再崇尚惨白。一向受欢迎的丰唇依旧当道。这些改变反映出新的中庸走向，显示亚洲、非洲、拉丁美洲的相貌特征也参与改造了美的形象。

家族脸与夫妻脸

　　接近平均比例的脸代表健康与适合作为配偶，不过，在我们的生命中有些脸孔特别重要——通常是家人。或许因为如此，人们很容易受到与自己相似的脸所吸引。这里我们必须再次提到弗朗西斯·高尔顿，他研究过报纸的结婚启事照片，发现真的有所谓的夫妻脸，夫妻不只是美丑程度相当一致，发色五官也都有几分相似。后来又有其他人的研究证实高尔顿的观察正确，当然有人会说夫妻是因长久生活在一起，培养了共同的运动、饮食习惯、脸部表情、穿着品位等，所以看起来很相似。但有些外貌的相似确实是与生俱来的。

　　多数夫妻都有很多共同点：相似的宗教与种族、智商相当、性格雷同（如外向）。但有些共同点却很有趣，如身高、体重、发色，甚至是耳垂长度与两眼的距离。当然，不是每对夫妻都相似，也没有一对夫妻全部相同。

　　相似的人互相吸引的现象称为"同类配对"（assortative mating），动物界也可看到同样的现象。这方面的经典研究是科学家派崔克·贝森（Patrick Bateson）所做的日本鹌鹑研究，他将同是兄弟姐妹的鹌鹑一起饲养一个月，然后隔离直到长大。接着再测试鹌鹑的性偏好，方法是让鹌鹑经过一个通道，通道两旁放置很多笼子，关着两种鹌鹑，一种是与其共同生活一个月的兄弟姐妹，一种是陌生的鹌鹑（表堂兄弟姐妹或完全不相干）。受测的鹌鹑可慢慢走过通道，自由探头凝视笼子里。（贝森称这个设计为阿姆斯特丹区，因为与当地的红灯区很相似。）他发现鹌鹑凝视最久的是它的近亲表兄妹，不论雌雄皆然。

　　贝森为鹌鹑配对实验，发现近亲表兄妹配对者比其他鹌鹑早三至五天产卵。贝森认为鹌鹑的择偶倾向是半新不旧型，而人类可能也有此倾向："人类可能会在近亲繁殖与异族通婚之间取得平衡，做法与鹌鹑一样依赖早期的经验。当然，文化与个人因素会影响一个人的择偶偏好，不过一个很重要的倾向是选择与家人相似的配偶。"

　　人们选择家族脸的人为伴侣不见得是因为缺少择偶机会，而是其审美观自然导引到那个方向。对我们而言家族相貌可能就是完美设计的典范，毕竟家人的脸曾是我们存活所系，也是最初产生情感的对象。不论原因为何，人们确实较易对相貌与己相似的人产生好感。希区柯克的电影《意乱情迷》（Spellbound）里，英格丽·褒曼饰演一个精神科医师，为格里高利·派克分析男女的情感。她抱怨诗人"总是灌输我们不切实际的幻想，把爱情形容得像交响乐或天使从眼前飞过"。"难道不是吗？"派克问道。"当然不是，人们会谈恋爱是因为某种发色、声音、姿态让他们联想到自己的父母……有时候则根本毫无理由。"

据说人物画像常与画家有几分神似。画家可能是情不自禁吧，家族的相貌本是他的美学定义的一部分。杜瑞1518年为神圣罗马帝国皇帝马克西米连一世画像，据说与杜瑞1498年的自画像很像。又例如蒙娜丽莎本是亚拉冈女公爵伊莎贝拉的画像，结果却是以达·芬奇自己的五官为本。高明的画像当然必须凸显被画者的特色，然而如此不一定能让被画者觉得更美，也许这也是为什么画家总是比被画者更满意。

极端女性化

　　前面说过，美丽的脸孔具备全人口的中庸特质，同时与家人较近似。既然中庸为美，那么理论上美丽应该是不具特色的。具特色的脸应该是某些部位的形状或大小较少见或远离中庸，如此虽不美也可让人过目不忘。读者是否注意过漫画家笔下的人物，漫画家将脸孔具特色的部分夸张，结果往往比真实的画像更易辨认也更像本人。不过，漫画人物通常也比较不美。

　　读者也许觉得奇怪，美丽的脸在人群中怎么会不突出？你不妨想想一般的模特儿，不是超级名模，而是平常报章杂志广告产品的模特儿。即使你看过广告很多次，在街上看到模特儿恐怕很难认出来。同样的，选美皇后常让人觉得看起来很类似——很美丽但不特别。看起来很熟悉，仿佛只是比某些看过的脸更好看更端正而已。然而这就是他们美丽的秘密。人类对中庸的根本偏好可能也是进化的结果，为的是确保其他类似人脸的东西不会抢走我们的注意力。中庸的脸是最像脸的，也许正因如此婴儿才会特别受吸引。

　　问题来了，确实有些美丽的脸在人群中非常醒目。超级名模的五官不是随处可见的，而是属于伸展台与大荧幕。娜欧米·坎贝尔与克丽丝蒂·托灵顿的嘴唇并不符合中庸，凯特·摩丝突出的额骨与细致的下颚都不符合中庸标准。中庸的脸往往不是极致的美，以一到五分为准，中庸的脸大约是三到四分，而非绝美的五分。也就是说，中庸虽美，但不是最美。

　　当然中庸之美可能也不是自然淘汰时最有利的标准。当求偶市场出现竞争时（达尔文似的自然淘汰的先决条件），具有某些极端特征的动物往往占得先机。所谓极端的特质可能代表对疾病与寄生虫有抵抗力，或显示有能力获取足够的资源负担昂贵的特质，最有名的例子莫过于孔雀的羽毛。这种极端性即使有任何缺点，也因求偶时的优势而抵消殆尽。

　　美丽的脸孔是否具备极端的特质？心理学家大卫·裴瑞（David Perrett）找了很多脸孔照片，请实验者评价美丑。接着他将最美的男人与女人脸孔分别融合，与全部脸孔的中庸组合比对，发现前者比后者美丽。若是将两者的差异加以突显，结果更是美丽者占先，不过这只适用于女人。

要使一张脸孔更美丽，并不是任何部位都可以夸大。在裴瑞的研究里，最美丽的女人与其他女人只有少数地方差异，诸如下颚较薄，眼睛与脸的比例较大，嘴与下巴的距离较短等。这些是夸大成年男女的脸孔差异，并凸显年轻标记的结果。很多研究使用非常不同的方法，得到的结果约略相同。

心理学家维克托·约翰斯顿 (Victor Johnston) 有一个电脑程序称为基因演算，公布在他的网站 (http//www.psych.nmsu.edu/~vic/faceprints//)。网友可在此生育漂亮的网络后代，第一个步骤是为30个任意选出的脸孔评分，程序会自动将分数最高的脸与另一张脸综合出一张新的脸，取代分数最低的脸。重复这个步骤，电脑便会创造出愈来愈美丽的脸孔群。强斯顿说，最初的30张脸代表七千亿点的"脸距"（即脸孔差异的假想点）。当数千人将这七千亿点重新组合，最后得到的女性的脸与脸孔群的平均相比，嘴唇较丰润，下颚较秀气，鼻子与下巴都较小。一项研究得出的脸孔预估年纪为24岁，比原始脸孔群年轻两岁。下半边脸更是年轻，有14岁的嘴唇，唇与下巴的距离是11岁。

《时尚》(Vogue) 与《大都会杂志》(Cosmopolitan) 的封面女郎与中庸的美丽少女相比，同样是眼睛大鼻子小嘴唇丰满。将她们的脸部比例输入电脑，电脑估算其年龄为6、7岁。当然不是说这些模特儿看起来像6、7岁的脸孔配上成人的身材，但脸部构造确实相当年轻，才会连电脑都被骗。这项研究的作者道格拉斯·琼斯 (Douglas Jones) 称她们是"超常态的刺激"，其五官比例超乎一般所见（至少就成人而言）。

生物学家理查德·道金斯 (Richard Dawkins) 自创另一种超常态刺激，称之为"性炸弹"。他的实验对象是一种鱼类——棘鱼，母鱼卵成熟时腹部会肿胀，长而隆起的银色肚腹能吸引公鱼前来交配。道金斯故意使母鱼的肚腹变得更圆更接近梨形，结果更引发公鱼的兴趣。这个例子显示，夸大特定信息可能产生更大的效果。以整形手术使女性的嘴唇更丰满、眉毛抬高、鼻子缩小，其实就是在制造人类的性炸弹。婴儿的脸几乎是无性的，男婴与女婴很难区别，善意的陌生人常常会搞错。到青春期性别差异便完全凸显出来，睾丸激素使男孩的下巴与眉骨突出。男性的脸一般比女性大，尤其是下半部。由于眉骨突出，下颚较宽，男性的

脸看起来较有棱有角。突出的眉骨使眼睛显得较女性深而小，加上鼻子较突出，两眼的距离似乎较小。小鼻子，尤其是塌而小的鼻子会造成眼距较宽的错觉。男性的鼻子与嘴巴都比女性宽，有人认为这可能是为了更有效地将空气送入肺部，男性的新陈代谢较快，血红素较多，因此需要更多的氧气。

女性长大后仍保留儿童时的光滑额头与小鼻子，由于额头较光滑，睫毛较长较坚韧，眉毛较疏淡且距离眼睛较远，因此眼睛显得较大。女性的额骨较突出，因为脸较平坦，鼻子与下颚较小，使得脸部有往下缩小的现象。年轻女性唇缘附近有很多脂肪，青春期刚开始时身体的脂肪重新分布，14岁的女孩是嘴唇最丰润的时候。与男性相比，女性的上唇是向外的柔美曲线。

大眼睛、高额骨、丰润的嘴唇、下半边脸较小、下颚纤细，这些都是女性化特征的夸大。美女常常是嘴唇丰润、下颚与下巴纤细，约翰斯顿认为这是雌激素较多而雄激素较少的征象。

女人化妆也是在凸显这些特征，例如拔眉毛使其变得疏淡且距离眼睛较远（这也是为什么拔眉毛都是从底部开始）。在葛丽泰·嘉宝的时代，眉毛是完全重画的。化妆艺术家凯文·奥科因（Kevyn Aucoin）说："眉毛拔得好可使眼睛看起来较大，整个脸更开阔。"浓而长的睫毛以睫毛膏加以凸显，眼周则是以眼线眼影装饰。

颧骨部分则是施以腮红，而且要画在微笑时隆起处，其实那不是自然脸红的地方。嘴唇也会以口红加以凸显，有时甚至要改变形状。现在有很多方法可增大嘴唇，包括唇部拉皮，注入脂肪或胶原，植入Gore-Tex纤维等。20世纪初胶原的使用尚不普遍，女人为使唇形变得更圆更小，常练习读一连串p开头的字。美国女权运动者史坦顿（Elizabeth Cady Stanton）曾说，凡是强调"p字头"的女性主义文学，她都不鼓励女性阅读。葛罗莉·史坦楠（Gloria Steinem）自承，曾经常常吸吮手掌底部，"如此可使薄薄的嘴唇更丰润坚实，丰厚的脸颊瘦削一些"。

下半边脸不大的人还可以利用高衣领与高发型把脸变得更小。女性较常梳高发型（男人则倾向留长发），因为这种改变脸部比例的方式较女性化——将重心往上移。高衣领可使下半边的脸变短。有些女人会以头的姿势改变脸部比例，例如黛安娜王妃最有名的害羞的笑，下巴后缩、眼睛向上，看起来眼睛更大，下颚与下巴则变得很小。一位同事告诉我，几乎所有日本妇女拍照时都采取这个姿势。

女性的脸比较像小孩子，因为她们仍保留孩子的柔顺曲线与童脸的基本结构。心理学家山口先生请实验者用他设计的软件创造孩童、成人、男人、女人的一般形象，结果发现孩童与女人的形象很相似，男人与成人较接近。

　　有人说人们（尤其是男人）对女人的〝性成熟的童稚〞特征特别有反应，这种婴儿般的特征自然会引发保护的意念，而人类本来就喜欢无助依赖的生命。成年女性若拥有女性化年轻的脸固然受欢迎，真正太像婴儿又是另一回事。心理学家李斯利·莱柏维兹（Leslie Nebrowitz）研究过婴儿脸的小孩与成人，其相貌特质是额头极高、眉毛高而稀、大眼睛、小鼻子。这种人给人的观感是幼稚懦弱，也就是像婴儿。婴儿脸的女性一般比婴儿脸的男性好看，但婴儿脸与漂亮的关系大致只限于婴儿期。美女的脸也许有些孩子气，但通常没有极端到像婴儿，且多半也有美丽的成熟特征（如高颧骨）。科学家克劳斯·艾兹温格（Klaus Atzwanger）与卡尔·葛莱姆（Karl Grammer）曾请实验者为女人的照片打分数，结果最美丽的并不是最像婴儿的。

　　随着年龄增长，脸部各部分都朝男性的特征演变。下半部的脸拉长，眉毛降下接近眼睛，鼻子与耳朵变得较长。上唇失去一些皮下脂肪，变得比较平坦，年轻时弯曲的唇线变成宽宽的一字线。男性的特征就是眉毛较接近眼睛、鼻子较大、嘴唇较薄、下半边脸较长，因此老化的脸就是愈来愈男性化。女性只要是小眼睛、大鼻子、嘴唇宽而薄，不管是什么年龄看起来都较老较男性化，也就比较不美。女性化就是年轻。有些科学家认为，人类的审美机制其实是在寻找年轻与女性化的综合。

神秘的男性美

　　我们对女性的美丑似乎有比较清楚的看法，对于哪一位男士较英俊虽然也有很高的共识，对男性美却很难提出一个定义。

　　或许因为如此，社会学家艾伦·梅祖（Allan Mazur）的研究重心不是男性美，而是男人看起来占优势的原因。所谓占优势是能掌控情势而不轻易受制于人。梅祖以西点军校1950年那一班的学生为例，请志愿参与者光从外貌评断学生是否属优势型。评分结果非常一致，优势型的脸孔通常是椭圆或长方形，眉骨较厚、眼睛深邃，这是梅祖所谓"成熟的脸"，一般人多认为这样的脸较英俊。服从型通常脸形较圆或窄，可能有招风耳。梅祖发现，优势型的学生在校及将来的表现都较优异。

　　优势型的男性不但军旅生涯较顺利，也是床上常胜军。一项针对男中学生的调查发现，愈是优势型的人性生活愈丰富。另一项研究发现，女人觉得行为上占优势的男性（姿态或身体语言显得较主动）较具吸引力，虽然不见得较可爱。

　　男性化的特质除了表现在脸部的骨骼构造之外，还有肌肉，看起来很有力量的咀嚼肌就很能增添男性魅力，影星布拉德·皮特与劳伯·瑞福是最好的例子。我们的脸颊有一条短而有力的肌肉称为咬筋，咬紧牙根、咬牙切齿时都会使用到，让下巴有刚硬的感觉。过度使用会罹患咬筋肥厚，好发于后青春期的男孩，可能因为他们常咬牙和嚼口香糖。有牙医师戏称之为"后天的刚毅"，还说病患看起来英俊多了（当然是没有嚼口香糖时）。

　　胡须特别凸显成熟与男性化的特质，因为胡须在青春期后才开始长出来，到成为男人才长得茂密。此外，胡须可以突显下半边脸的宽度，更增男性化特征。心理学家麦可·康宁汉（Michael Cunningham）建议娃娃脸的男人蓄胡子，如此会看起来更迷人更有力量。秃头的男性也是娃娃脸效应的牺牲者，后退的发线使额头显得较大、五官较低，整个显出婴儿的样子。

　　20世纪男人的胡须已不似过去那么茂密（60年代是例外），医学上的考量

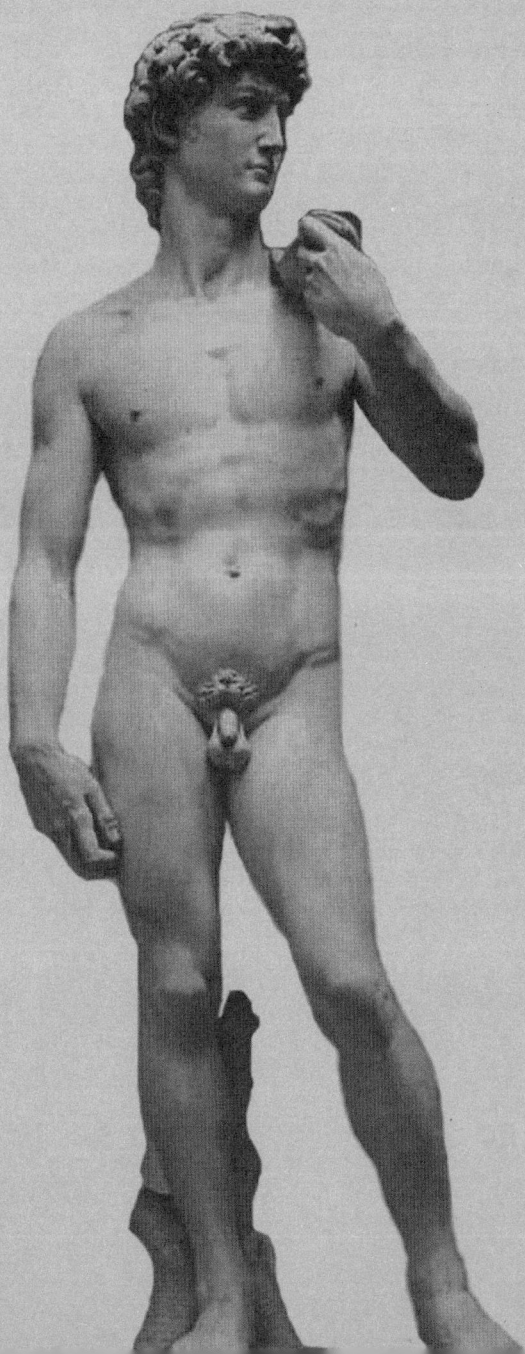

是部分原因。人们愈来愈了解细菌是疾病的传染源，过去医师认为胡须可保护喉咙过滤进入肺部的空气，现在则被视为细菌的温床。1907年巴黎一位科学家决定以实验来证实，方法是请两个人沿着卢浮宫及其他地方行走，一个有胡须一个没有，亲吻一个嘴唇消毒过的女人，将吻痕擦下来浸在消毒水中4天。结果发现无须男子的吻痕只有无害的酵母，有须男子则是"充满有害的微生物……白喉、腐败的细菌、食物残渣、蜘蛛腿的须毛和其他东西"。

胡须从来没有恢复过地位。1904年《哈珀周刊》（Harper's weekly）一篇文章便感叹，每个男人的脸都刮得干干净净实在有损美感："去除胡须所显露的景象有时实在令人惊愕：下颌凹入、嘴唇太厚、嘴形愚蠢、下颚粗厚、颈部肥胖松垮，原先被胡须遮饰下的缺点全部裸露无遗……你忍不住问自己，我的天，老张原来长这副德性！"1982年专栏作家奥托·弗雷德里克（Otto Fredrick）刮掉胡须，"我从镜中看到一张十几年没见过的脸，惊讶得几乎认不出来。嘴角那两道不满足的纹路是如何形成的？"胡须之于男人曾经像化妆之于女人，可以掩饰缺点与年纪。适当的八字胡可以使嘴鼻看起来较对称，下巴的胡子或山羊胡则可改变下巴的线条。根据心理学家的研究，胡子对脸部辨认有很大的影响。

凸显男性化的特征是否会使男人更英俊？表面上似乎是如此。翻看杂志的广告，看到的尽是钢硬的脸部线条、浓眉，眯着的眼睛射出锐利的眼神回望读者。波提切利（Botticelli）1480年代所画的"年轻人"特别夸大年轻男子英俊脸庞的男性化特征，画家似乎从不同角度观看年轻人的脸——直视眼睛与下唇，仰望下巴、鼻子与眉骨。

但也有心理学家指出，男人的脸要好看，男性化的程度不能没有限制。心理学家麦可·康宁汉（Michael Cunningham）认为，女人寻找配偶有"多重动机"。一方面要有勇气有资源，一方面也希望他把资源投资在她及未来的孩子身上，优势型的脸不见得传达可靠或愿意投资的信息。根据康宁汉的研究，女人喜欢的是典型的男性化脸孔中带着一些不典型的特征，例如大眼睛和灿烂的笑容。康宁汉说，大眼睛给人"性成熟的童稚"印象，容易联想到婴儿及激发母性爱。但一般而言，愈男性化的脸愈受到女性青睐，娃娃脸则被视为不够男性化、不够富吸引力、不适合当配偶。

前面说过，夸大女性化的特征会使女性更具吸引力，但夸大男性化特征却不

能使男性更具魅力。心理学家蛭河立（Tatsu Hirukawa）与山口真善美创造出极端男性化与女性化的脸请实验对象评价，发现女人最欣赏中庸型的女人，男人则偏好极端女性化的脸。两性都认为极端男性化的男人不美。大卫·裴瑞（David Perrett）研究发现，日本与苏格兰的男女都认为极端女性化的女人较美，极端男性化的男人不美，带有些微女性化或柔和线条的男人才是最美的。极端男性化让人联想到一些负面的性格特质，比如说睾丸激素较多的男性的脸被视为较有力量与掌控力，较不善良不友善（不论表情如何）。这类男人的笑容通常较不灿烂。裴瑞的研究发现，极端男性化的脸被视为较具掌控力，但在热情、诚实、合作、教育子女等方面的评价较低。

保罗·莫塞黎（Paolo Morselli）碰到过一个有趣的案例，意大利一位38岁的男子没有任何精神方面的病史，脸孔长得极凶恶，让他在人际关系上饱受困扰。莫塞黎称之为〝米诺托症候群〞，米诺托是希腊神话中人身牛头的怪物，也是但丁笔下残暴的象征。这位意大利男士后来接受整形手术，〝换一张较不具攻击性的脸〞，将眉骨与下颚降低。据说手术后别人对他友善许多，他自己也变得较自在。

前面说些微女性化可使男人的脸增添魅力，不过这一点只有裴瑞的实验可资佐证，其他研究都认为男性化但不过度是最美的，过度男性化会造成〝尼安德塔人式〞的长相，给人冷漠或残酷的感觉。麦克·素斯盖特（Michael Southgate）专门制造人形模特儿，根据他的经验制造男模特儿一向困难许多。〝你可以卖给一家商店500个女模特儿都没有问题，男模特儿只要送出10个，从经理到电梯服务员都有意见。说什么这个像强暴犯那个像杀人犯，另一个又像同性恋。〞若是制作得太女性化，厂商认为女人不爱，男人才爱，太男性化却又像罪犯。

读者拍照时最希望在照片中显出哪些特征？研究发现，很多人直觉的回答是〝美丽、英俊、聪明、友好、善良〞。不过这种黄金组合恐怕男性比女性难达到。

瞬间的诱惑

　　人的脸还有很多稍纵即逝的信息——微笑、皱眉、邀请、拒绝等。有一首歌说："你的笑让我置身天堂"，因为快乐会感染。但快乐不一定让你更漂亮。女人的笑或许会略微增添其美丽，尤其是有一口整齐洁白牙齿的女人。但睾丸激素较高的男人似乎还是不笑的好，笑起来反而不好看（科林·伊斯威特之类的冷面悍将可能就是这样产生的）。像汤姆·克鲁斯或麦特·戴蒙的灿烂笑容就很迷人。

　　真正影响美丑的似乎是接纳的感觉。人在兴奋时，不论在何种光线下瞳孔都会不自主放大。如果你把照片中女人的瞳孔放大，男人会觉得她较迷人。当然，男人只觉得她"较女性化"或"较美丽"，没有人会注意到是瞳孔的关系。同样的，放大男人的瞳孔也会使他更受女性欢迎。进行心理实验时男女都较乐意与放大瞳孔的异性配对。瞳孔就像照相机的快门，开得愈大进入的光线愈多，但景深较浅。瞳孔放大的眼睛有一种和善朦胧的神情，就像照相机的柔焦效果。

　　人在性兴奋时嘴唇会变红肿突出，就像乳头一样。戴斯蒙·莫里斯认为人的唇形演化方向就是要凸显此一信息，女人的化妆品也有同样的作用。其他灵长类也有突出的嘴唇，且可暂时翻出内唇，但只有人类永远露出粉红色的黏膜。很多动物上半身的器官是模仿性器官的（如雄性山魈的红脸蓝颊便酷似红色性器与蓝色阴囊），莫里斯推断女人的嘴唇是"阴唇的模拟"。

　　人的脸也许不是性器官的模拟，但所透露出的性信息确可增添魅力。时尚杂志里的女人即使衣衫齐整，即使以女人为主要读者群，隐约的性挑逗信息仍使其更美丽引人。曾任职《时尚杂志》（Vogue）的亚历山大·李伯曼（Alexander Liberman）说："好的模特儿善于以动作、表情和态度挑逗摄影师，恍如短暂的坠入情网，让瞬间的诱惑入镜。"

对 称

摄影师安德瑞·柯蒂斯（Andre Kertesz）,为荷兰画家孟德律昂（Mondrian）拍照时，发现他的胡子是修剪过的，因此脸部看起来较对称。其实多数人的脸都有些微的任意不对称，也因此很多人喜欢从特定方向拍照，例如玛丽莲·梦露的照片几乎都是从右边拍的。据说爱德华八世（温莎公爵）特别偏好左半边脸，甚至因为必须露出右半边脸而拒绝成为钱币的肖像。

所谓任意不对称是不具任何规则，例如对称的眼睛、手腕、胸部应该是两边一般大小，任意不对称则是不对称的情形因人而异。不对称的理由很多，包括发育过程中暴露在污染源与寄生虫中、营养不良、疾病等。随着年龄的增长，脸部的不对称也会增加。生物学家兰迪·宋希尔（Randy Thornhill）与安德斯·莫勒（Anders Moller）发现，很多动物的不对称者都有存活率、生长速度、繁殖能力较差的情形。

如果对称是健康与适合作为配偶的指标（就像中庸一样），理论上我们应该觉得对称比较美。问题是中庸型的脸通常也是对称的，两者的影响很难清楚划分。脸部对称确实是比较美，不论男女皆然。但有些研究显示百分之百对称并不是最美的，这或许可以帮助我们学习欣赏方向不对称的自然美。

所谓方向不对称是非任意的，而是有种族特色的——右撇子或左撇子就是很好的例子。我们的脸部表情主要由脑子右边控制，左边脸的表情通常较夸张，尤以刻意的表情为然。我们在说话时往往嘴巴的右边动得较多，可能是因为控制语言的是脑子左半边。

科学家曾试着制造完全对称的脸，亦即完全由左边脸或右边脸构成整个脸，结果发现表情都很不自然。有的显得太无表情，有的则表情强烈对称得太不自然。只要中间的脸部构造如鼻子）稍微偏离，组合起来的脸孔就会变得怪形怪状。所以说全部是左边或全部是右边且不带表情的组合脸孔，是测试对称是否较美丽的唯一标准。以此标准而言，对称的脸确实较美丽。当然，有些对称的脸也是不美丽的。以一到十分来计算，对称的脸大约是六到八分。就像中庸的特质一样，对称是美丽脸孔的构成元素，但不能保证美得让人惊艳。

审美机制

　　婴儿与成人都能一眼辨识美丽的脸，事实上人们随时在对他人的容貌做瞬间的判断，且对美丑的评价有极高的共识，就好像我们遵循着同一套机制，能立刻侦测出对称、中庸、女性化等特质。这不禁让人怀疑，引发美感的脸部几何构造可能有其普遍性，而辨识这些构造的则是人脑经自然淘汰留下来的机制所控制。

　　新墨西哥州立大学心理学教授维克托·约翰斯顿（Victor Johnston）做了一项创新的研究，在人的头皮接上电极以了解人们观看脸孔时脑部的电流反应。他发现看到最美的女性脸孔会引发迟发性阳性成分反应（LPC）。引发这种反应的通常是具"情感价值"的刺激，亦即能引起注意、造成情绪冲击的事物。看到美丽脸孔时这些电气信号会转趋强烈，足见美丽造成的心理震撼会记录在脑部，刺激与专注全部化为电流反应。

　　我们还知道，右脑特定区域（耳叶与枕叶）能快速准确地辨识脸孔。本人研究中风病患，发现只有右脑受伤者在辨识脸孔与情绪表情上有显著困难。脑部脸孔辨识能力的左右不对称造成一些有趣的结果，例如右半边脸似乎与整个脸较相似。这个现象引起一些揣测，例如右边脸显露的是对外的我，左边则是私密的我。有心理学家认为，脸部的不对称可能便反映出外在与私密自我的冲突。

　　但深入探讨会发现，这些现象可能与脑部结构关系较大。我们的视觉神经路径在脑部左右相反，左边看到的东西会先到大脑右半边。也就是说，当你看到一个人时，他的右脸颊会直接进入你的右脑，左脸颊进入的路径较迂回，因而会晚一些到达脑部。右脸颊的信息在脑中优先处理，因而留下较深刻的印象，这也是为什么两个右半边脸组合起来感觉更完整。这也可以解释人们为什么喜欢从熟悉的角度看到的脸，例如看自己的脸喜欢左右颠倒（镜中看到的自己），看朋友的脸则喜欢看正面（拍照的脸）。

　　右边的脸先到达脑部，因此脸孔的美丑较受到右边脸的影响。心理学家大卫·裴瑞（David Perret）与麦可·波特（D.Michael Burt）等人做一实验，创造出两边美丑不等的组合脸孔。发现当美丽的一边先到达脑部时，观者会觉得整张脸都是美丽的。

大脑对美的认知与反应能力是本人在麻州医院与哈佛医学院研究的主题之一，我们的研究重点是人脑辨识脸孔与表情的神经路径。职司这部分功能的应是脑部涉及高阶视觉与情感学习的部位，尤其是右耳叶与杏仁核。我们发现特定的路径负责脸孔与部分表情（如恐惧）的辨识。

我的同事汉斯·布雷特（Hans Breiter）、史帝夫·海门（Steve Hyman）与布鲁斯·罗森（Bruce Rosen）做了一些相关研究，追踪人们体验快乐与报偿或渴望某种报偿体验时的脑部神经路径。我们希望以此研究结果为基础，探讨人体美引发自发愉悦的反应时，会表现在哪些路径上。如果说美的侦测机制是天生的，由自然淘汰的路径负责，我们应该可以找到明显的证据。目前我们利用脑部摄影技术观察实验对象凝视脸孔的反应，实验对象涵盖同性恋与异性恋男女，他们凝视的脸孔则是美丑不等的男女。这项研究还在进行中，谈结论目前言之过早，但相关研究已有一些有趣的结果出来。

右脑既具备这么多脸部辨识能力，评断脸孔的美丑是否也全部由右脑负责？答案是不尽然。过去十年里我详细研究过一个个案，一位患有罕见"面貌辨识障碍"的四十几岁男性。这种病人无法辨识人的脸孔，即使是自己的家人或镜中的自己。他的妻子与他共赴宴会时必须佩戴特定饰物（某种颜色的丝带或发夹），以免他找不到她。有一次我开车送他回家，看到他家门口有两个小孩。我问他是否是他的孩子，他回答："应该是吧，不然不会在我家门口。"

此人可辨识人的声音、香水甚至走路的样子，不能辨识脸孔是因为大学一年级时受过伤，严重伤害右脑的一部分，虽然他顺利自哈佛毕业，获得两项硕士学位，娶妻生子，拥有全职专业的工作，但辨识脸孔的能力一直无法恢复。事实上他几乎可以辨识其他任何东西（少数四脚动物与脸部表情是例外），唯独对人的脸孔完全没有办法。

听他形容某些人很美丽让我很感兴趣，不知道他看到脸孔时的感觉和一般人是否一样。经过一连串实验发现他的审美标准与一般人差不多，影响他的同样是脸部对称、些微夸张的效果（凸显美丑的差异）、增强女性化特质等，当然这些全有赖对脸部细节构造与整体印象的注意。当他看到一张脸时可能不知道她是谁，却知道她美不美。足见自然演化的过程至少使这两种机制有部分分隔，美丽毕竟有她自己的道路。

男人欣赏任何天赋的特征，而且习于夸大。

——查尔斯·达尔文

我在维也纳与弗洛伊德共事……后来因阳具嫉妒的观念闹翻了，弗洛伊德认为这种心结只限于女性。

——伍迪·艾伦

好东西过度又何妨。

——梅·威斯特

大就是美

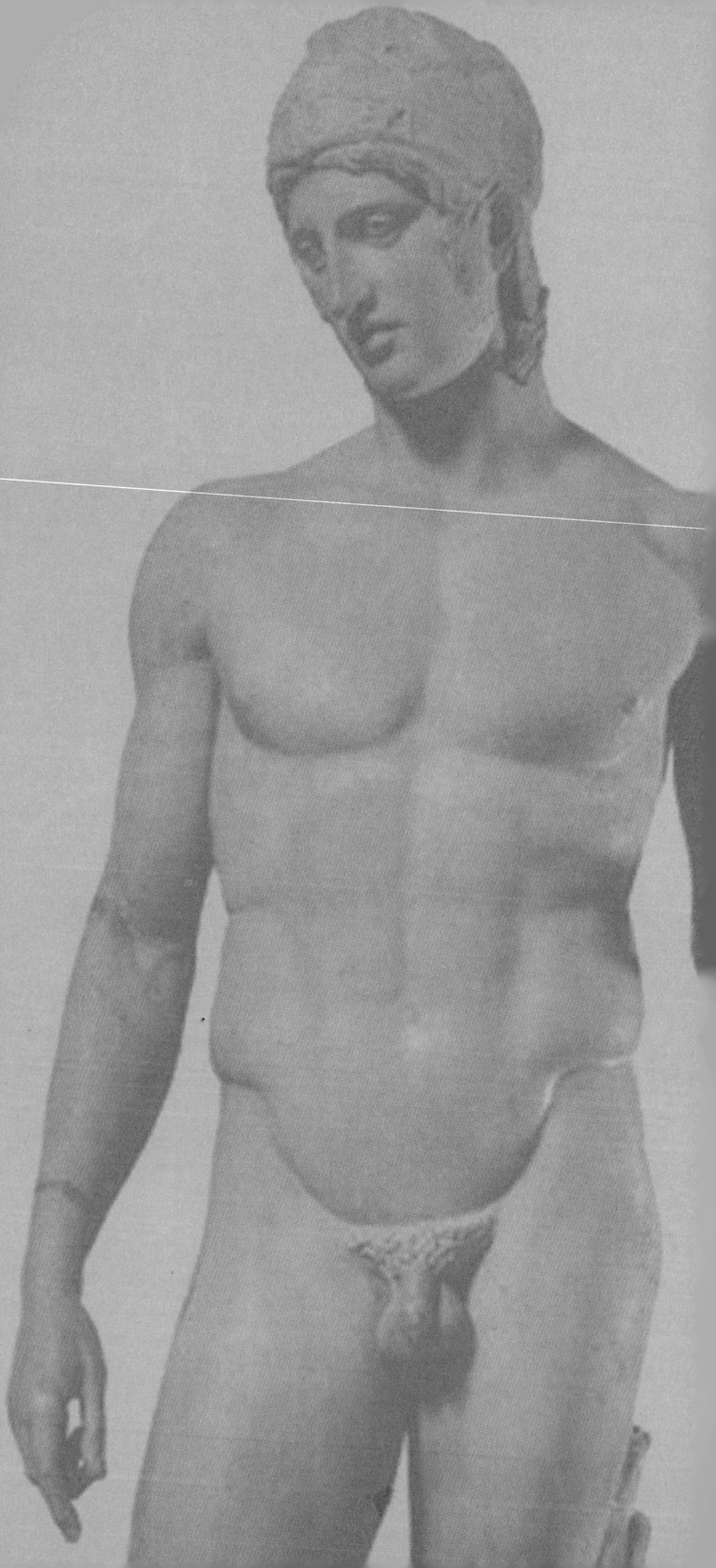

"雄性动物的体格通常是为雌性而雕塑的，为了击败竞争对手而发展出犬齿、鹿角或庞大的身躯。展现美丽是为了吸引异性。鸟类善于谈情而不善战斗，于是身上有各种装饰——肉冠、垂肉、尖角、气囊、冠毛、裸露的羽轴、参差的羽毛等。鸟喙、头顶裸露处及羽毛的颜色通常都很鲜艳。"这是达尔文惊艳于羽族之美的一段话，他并推论雌鸟之美也是毫不逊色："对于美怀有强烈的爱慕、敏锐的观察力与高度的品位是天赋的能力，与理智的高低无涉。"

美丽并非繁殖的必要条件，却能增添助力。达尔文说："缺乏武勇、装饰、魅力的雄性或许也能成功生存下来并繁衍后代，先决条件是没有更优秀的竞争者出现。"实际的情形是竞争者无处不在，而且很快地夺走异性的青睐。

雌性欣赏的是炫耀而非含蓄。雌旗鱼喜欢长上颚的雄鱼、雌燕与凤凰雀同样偏好长尾巴的雄鸟，类似的例子不胜枚举。然而亮丽的外表对雄性而言其实是一大负担，例如孔雀鲜艳的尾巴由 150～200 片羽毛构成，海伦娜·克罗宁（Helena Cronin）便很同情雄孔雀的处境：不只要养活老婆孩子，还要养那一大撮尾巴，这么醒目的装饰容易引起敌人的注意，消耗宝贵的营养，每天驮在身上当然更是一大负担。

所幸辛苦总是有代价的，尾羽艳丽的孔雀不仅配对的成功率较高，甚至可以轻易掳获所有异性的心。有人做过实验，将鹳鸟尾巴白色部分涂上较鲜艳的颜色，或为雄燕黏上长尾巴，发现成功交配的几率大于同类，显示夸大身体特征似乎较能吸引雌性的青睐。

问题是雌性为何有此倾向？1930 年遗传学者隆纳德·

费雪爵士（Sir Ronald Fisher）提出一套连环择偶论来解释。比如说一只雌鸟被一只长尾巴的雄鸟吸引，交配后产下长尾巴的鸟，长尾巴这个特征逐渐为其他雌鸟注意并成为择偶的一个优势。某种择偶的倾向一旦形成（不管原因为何），便会在同类间造成同质化的压力，因为所有的母亲都希望繁衍出在择偶市场上具竞争力的后代。因因相循的结果是所有雌鸟都不愿与短尾巴的鸟交配，此一择偶的考量愈来愈根深蒂固，尾巴也就一代比一代长。

醒目的身体特征可能都是这种连环进化的结果。一项特征原本可能只是为了适应环境而形成，到后来却因蔚为风气而欲罢不能，就好像一本书、一首歌、一种款式畅销流行起来以后便可自己维持一定的热度。不过，多数生物学家认为美丽绝不只是流行，美丽不是任意形成也不是反复无常，而是一种沟通方式。

有一派理论认为醒目的特征是制造对手的竞争障碍——代表人物是生物学家艾默兹·查哈毕（Amotz Zahavi）。拖着巨大尾翼的孔雀等于在宣示它的身强体健，因为它可以负担半径60英寸的尾巴，输送足够的营养保持颜色的艳丽，而且无惧从身后偷袭的任何敌人。唯有身体处于最佳状态的动物才能展现醒目特征，因为它必须有强健的免疫系统保持毛羽丰厚色泽鲜艳。高昂的成本就是这项宣示的有力保证。

雌性之所以偏好强健的异性显然是考量到后代的健康。外表出众的雄性不见得比较照顾子女，但似乎能遗传较健康的基因。尾翼艳丽的孔雀所生的后代存活率较高，尾饰较长的燕子本身与后代的寿命都较长。有一种鸟喉部

的羽毛有不同的颜色，羽毛红色的卵比较不会被敌人偷走。红色的喉部会让其他雄鸟恐惧，让雌鸟兴奋——显示有些特征同时具备战斗与求偶的优势。突眼蝇眼睛长在长长的羽轴上，甚至可能比整个身体还长。事实上羽轴愈长愈受雌蝇欢迎，因为这类雄蝇拥有强健的Y染色体，产下雄蝇的几率较高（突眼蝇以雌性居多）。

大的装饰通常也比较对称，而雌性一向欣赏对称。身体的对称其实不易产生，特别是巨大且受制于性淘汰的部位，但正因为大的装饰是一种阻碍，也是基因品质的保证，对称便是自然的结果。拥有巨大装饰的动物必然较能承受发展的压力，因维持第二性征的荷尔蒙会减弱免疫功能，只有最健康的动物才负担得起这种奢华。

一般而言雄燕的尾羽比雌燕长百分之二十左右，尾羽愈长对雌燕愈具吸引力。有趣的是，长尾羽通常都比短尾羽对称。动物学家安德斯·莫勒（Anders Moller）为了解尾羽长度与对称度对雌燕的影响，做了一个实验，他用剪贴的方式为雄燕进行小小的整形手术，凸显长、短、对称、不对称等特征。为避免贴上去的羽毛引起不必要的注意，他在剪贴时都小心维持原来的对称。结果发现雌燕对大小与对称同样注重：尾羽同样长的雄燕，对称者便比不对称者受欢迎。

动物学家艾斯登·马克森（Eystein Markusson）与伊华·佛斯达（Ivar Folstad）发现，驯鹿的角也是愈大愈对称。有趣的是大小与对称的关系并不适用其他部位，马克森二人认为，鹿角可具体反映出寄生虫的情形，这是其他部位所没有的。性淘汰的过程中，可轻易显示对称程度的装饰（如鹿角）较具优势，尤其是以减弱免疫力为代价的装饰。

　　然而从孔雀、燕子、鹳鸟、驯鹿的故事中，我们可以得到多少人体美的启示？

权力之塔

　　美国辛普森杀妻案审判期间，有一次辩护律师李·贝利 (F. Lee Bailey) 要求呈上一只皮手套作为证据，检察官马莎·克拉克 (Marcia Clark) 反对，指称尺寸与原手套不符。她讽刺说："这个尺寸太小了，只怕是贝利先生的吧！"没有比这句话更毒的了。同样的，当托尔斯泰要表达对拿破仑的轻蔑时，也是形容他人矮手又小。

　　在动物世界里领导者往往是最巨大的，人类的部落首领也被称为"老大哥"，外形常常是最魁梧的。美国首任总统乔治·华盛顿身高近190公分，傲视群伦，他的继任者也都身材高大。（自1776年以降，只有詹姆士·麦迪逊与本杰明·哈里逊身材较矮。）要预测美国总统选举的一项指标是看身高，以２０世纪为例，只有1968年尼克松能击败比他高的乔治·麦高文。

　　身材较高的人常可获得较多资源。美国男性的平均身高是175公分。有人统计美国财富500强企业老板的身高，发现一半以上身高在183公分以上，170公分以下的只有３％。身高可能是企业用人时一个心照不宣的标准，这个人不但要胜任职位，还要有让人"仰望"的形象。有人做了一个有趣的实验，让企业人事主管评选两个应征者，这两人所有条件都一样，只有身高不同（一个185公分一个165公分）。结果72％的人选择高个子，只有一人选择矮个子，其他人持中性看法。

　　心理学家艾莲·费利兹 (Irene Frieze) 研究一千多名匹兹堡大学企管系毕业生的就业情形，发现身高对起薪与目前的薪水有相当的影响。当时是20世纪80年代中期，研究对象平均薪资43000美元。比较183公分与165公分的人，前者的薪资此后者高出4000美元，不过身高对女性似乎没有多少影响。另一项研究以各种职业的年轻男女为对象，发现身高对两性的薪资都有影响，但以男性更明显。如果高个子工作表现优于矮个子，薪资较高自无可厚非。但这些研究系以办公室员工为对象，不是棒球选手，每个人的工作并无质或量上的显著差异。

　　矮个子在人际关系上也可能较居劣势，尤其是小孩子。作家史蒂芬·霍尔

（Stephen Hall）小时候很矮，"在那个阶段，逻辑或语言能力都无助于解决冲突。我常被打被揍被推被踢被K被嘲笑……有时候只是小孩子无心的嬉闹，我承认，但确实也有一丝弱肉强食的残酷。倒不见得高个子都是坏蛋，只不过欺负我的都是比我高的，仿佛是一种食物链的关系"。当矮个子的人发狠时，别人便说他有"拿破仑情结"，为弥补身材的缺憾而过度渴望权力。电影《金手指》里伊恩·弗莱明（Ian Fleming）说："庞德对矮个子一向不信任，这种人从小就很自卑，一辈子努力要站得比任何人都高，尤其是小时候嘲笑过他的人。"拥有年龄、幽默、智慧、才华等优势，矮个子就能站得比别人高，但首先还是得破除别人的偏见。

是的，无论高矮，每个人都想制造高度的假象。威廉三世故意将伦敦汉普顿宫的门把设计成很高，让每个来访的人觉得自己很矮，访客眼中的威廉三世自然也就高人一等。演说家有讲台，宗教领袖有圣坛，国王王后的王座高高在上。影星约翰·韦恩身高193公分，但据劳伯·米契叙述，"他喜欢穿4英寸的高跟鞋子、戴高帽子……甚至将船的顶舱加高，好让他穿着高跟鞋进去。"即使其他方法都无效，人们还有一招——谎报身高，据说谎报的几率高达71%。

身高与权势地位的关联深植人们的观念里，甚至地位高的人会有身材较高的错觉。一项有趣的实验请同一个人对不同的学生演说，每次都自称不同的身份——最高为资深教授，最低为学生。演说完毕后请学生猜测此人的身高，结果"教授"的身高比"学生"高了好几英寸。

然而这些与本书讨论的美有何关系？有的，因为身高会影响一个人的吸引力。一般描述有魅力的男士都是"高大英俊"。一项征友广告的研究发现，提到身高的女性有80%要求条件是六英尺（183公分）以上。高大的男士征友时能得到较多回应，女性受欢迎的程度则与身高无关。心理学家林达·杰克逊（Linda Jackson）研究刻板印象发现，高大的男士被认定比矮个子会运动、较男性化、具肉体吸引力、事业较成功。

至于男士最理想的身高是多少则无定论。多数研究显示女性喜欢六英尺（183公分）到六英尺二（188公分），亦即男模特儿的一般身高。也有研究显示最受欢迎的是平均偏高的身高——五尺九（175公分）到五英尺十一（180公分）。一致的共识是平均身高以上的男士较平均以下男士受欢迎。当然，高矮是相对的观念，因各地的平均身高而异。例如在非洲加纳的首都，165公分就算高个子了，有些移民还因身材太高被嘲笑。

各地方的男人平均身高都高于女人，女高男矮的配对确实较少，但也不算很奇怪。一项调查显示这样的配对只有千分之三，几率很低。你可能以为男高女矮的典型配对源于男性的掌控欲，其实女性也很在乎配偶的身高，甚至在挑选精子捐赠者时也喜欢选择高个子。显然，身高被视为遗传的重要考量。

决定身高的因素很多，包括气候、饮食、基因等。基因决定身高的上限，上限以内则受后天环境影响。由于营养较佳，20世纪人类的身高稳定增加，尤其是上层阶级。自18世纪末以来，任何国家的上层阶级都比下层阶级来得高。一个民族里相对较高的人显示其祖先不但长得高，而且能掌握较丰富的资源，提供下一代成长所需的营养。个子矮常与饥饿、吸收能力不佳或疾病有关。一般而言，高个子成功繁殖的几率较高。

尽管高个子有很多优势，高个子的女人一度被视为居社会劣势，因为她可匹配的人较少。高个子的女人常会努力让自己看起来矮一点，如穿平底鞋或弯腰驼背。说起来很不可思议，在２０世纪40年代有500多位年轻妇女为了抑制身高成长而服用高剂量的雌激素。1959年一份心理学家的研究发现，半数以上的女人希望自己矮一点，相反的几乎所有的男人都希望自己高一点。今天很多知名美女都是高个子，包括布鲁克·雪德丝与乌玛·瑟曼（都是183公分），妮可·基德曼与黛安娜王妃178公分），卡梅隆·迪亚兹（Cameron Diaz）与格温妮丝·帕特罗（175公分）。一般模特儿的身高差不多是175公分。在美国身高178公分的女人比半数的男人都高，183公分的女人更是比82％的男人都高。这是否意味着男高女矮的配对规则逐渐松动？也许，但多数高个子女人还是配高个子男人。有名的矮个子丈夫似乎刚好都是有钱有势，如欧纳西斯、雷尼尔王子（Rainier）、季辛吉、汤姆·克鲁斯等。

没有胸肌就没有性

在纽约可以看到一个醒目的户外广告，写着"没有胸肌就没有性"，乍看之下仿佛是动物研究的结论。胸肌是男人的鹿角、战争的武器。现代的男人也许已经不需要打猎或在战场上投掷武器，但宽厚的胸膛仍让人联想到求生的技能，因为肌肉与拳头一向是男人的武器。不过，今天的男人上半身的力量可不是用在采集打猎。每个月有600万人阅读《肌肉与健身》杂志，封面通常是一个肌肉猛男（旁边一个女人投以钦慕的目光），标题曰："壮就是美。"

关于体重的研究显示异性恋男性较满意自己的身体，至少比女人或男同性恋满意。但若是分别讨论体型、身高、男性化程度，则满意度会降低一些。很多男人自认体重不够，但他们不是希望变胖，而是希望增加肌肉。男人身体脂肪较少（女性平均有25%～27%的脂肪，男性约15%），也不喜欢脂肪，但很热衷锻炼肌肉。早期提倡健身的查尔斯·艾勒斯（Charles Atlas）很了解男人的这种心理，他保证让软脚虾变成"男人中的男人"。

一般认为最具吸引力的男体是由肩至臀呈倒三角形，最不受欢迎的是西洋梨形。一项针对白人与日本男学生的调查证实，男性希望身体每一处都加大，唯独臀与腰例外。

成年男性的肌肉多于女性，力量差异最大的地方是肩、臂、胸部。女性手压的力量平均为男性的三分之一，抓力约为男性的一半。（女性的脚力约为男性的四分之三）一般男性上健身房的首要目标就是扩大这个差异，因此他们特别勤练上身——胸肌背部的广背肌，手臂的二头肌与三头肌。据说阿诺·施瓦辛格可以用胸肌端住一杯水。电影《西雅图夜未眠》里汤姆·汉克斯问好友，现在的女人喜欢何种男人，好友回答："要有胸肌和可爱的屁股。"

伊丽莎白时代，男人会在紧身上衣里塞东西，装出魁梧的样子，作用类似罗马武士的护胸甲或今天的夹克垫肩。当时的紧身裤会显出腿形，腿太细的男士也会在裤子里塞东西。当18世纪的骑士高筒靴不再流行，细腿男士想到的方法是一次穿两条裤子，里面同样塞了垫子。

现代男女流行的穿着不是虚饰，而是展露身体。至于那些既非天生衣架子又没有时间兴趣去健身的人，抽脂或植入是另一种捷径。例如有人用胸肌植入让胸膛看起来厚实多肌肉，也有人采取小腿肌肉植入。抽脂则是用来消除松弛的肚皮或胸部——这是影响男性虎背熊腰形象的两大杀手。中古世纪的男性将胸甲穿在外面，现代的男性则是穿在皮肤底下。

就像女模特儿一样，男模特儿也有固定的身材，一般而言都很高（183公分以上），上身呈V字型（胸部40～42英寸，腰围30～32英寸）。人形模特儿的体形也大约如此。不过，当我们把目光从时装界移到文艺小说时，看到的是比较夸张的剪影。多数罗曼史的封面人物——费比欧的胸围有44英寸之厚。卡通人物蝙蝠侠也是愈变愈夸张，肩宽几是身高的一半。另一个卡通人物李尔·艾柏纳（Li︱l Abner）在20世纪30年代是个瘦弱的乡下小孩，到了50年代却长成一个肩大腰细还有二头肌的年轻人。

健美先生将V字型的男性美推展到极致——脂肪减至18%，肌肉纠结，肩宽几乎是腰围的两倍有点像花瓶形的女体，胸部36英寸，腰围18英寸）。阿诺·施瓦辛格五度当选环球先生，胸围57英寸，腰围31英寸，颈、臂、腿几都同宽（18～20英寸）。席维斯·史泰龙便精确掌握男性肉体美渐受重视的趋势，他预测〝20世纪90年代最受欢迎的男性典型是臂粗18英寸，腰围31英寸，卡文克莱广告中的猛男，他将取代50年代的金发帅哥，就像女性的E罩杯一样抢手。〞就像某记者所说的：〝肥胖是女性议题，肌肉则是男性议题。〞

就像有些女人对脂肪有不健康的执迷，有些男人（及少数女人）对肌肉也有不健康的迷恋。精神治疗医师哈里逊·波普（Harrison Pope）曾就运动员与健身者做过一系列研究，发现9%的人患有〝反厌食症〞，他称之为肌肉畸想症，特征是一个壮硕的人偏偏自以为瘦弱。厌食者唯恐变胖而挨饿，这类患者则是唯恐不够壮硕而不惜滥用类固醇与营养补充剂。波普的研究对象里有一半使用合成代谢类固醇（这种药物会刺激细胞蛋白质生成，促进肌肉生长）。波普认为肌肉畸想症属于〝情感光谱失调（affective spectrum disorder）〞的一种，亦及于焦虑、沮丧、强迫症、饮食失调等。现在可能又更普遍了，一方面类固醇取得较容易，另一方面社会上对男人的体魄有更大的期待。肌肉畸想症的患者也许不多，但滥用类固醇及想要锻炼肌肉的人恐怕不少。最近两项针对高中生的调查发现，6%～7%的人正在使用或曾经使用过类固醇。

阴茎，魅力或威胁？

前面提到辛普森杀妻案的手套证物。在CNN的"两极交火"节目中，贝瑞·塔罗（Barry Tarlow）指责玛莎·克拉克"嘲弄贝利先生的阴茎"。另一位评论家马上精神一振说："有谁在讨论阴茎的问题吗？"塔罗恹恹地说；"算了吧……我不相信你们听不懂。我年轻时大家都把保险套称作手套，我想克拉克小姐很显然指的就是他的阴茎尺寸。"

美国人非常迷恋大尺寸的性器官——不管是男人的阴茎或女人的胸部。20世纪30年代人形模特儿都是从欧洲进口的，依据模特儿的生殖器分为小型、中型和美国尺寸。其实美国人不是唯一喜欢夸大的民族，新几内亚男人的服饰之一是阴茎套，长度可达二尺。

阴茎常被视为男性勇武的代表，很多研究都显示男性认为自己的阴茎不够大。身体畸想症或丑陋幻想症者总是特别关切阴茎的形状与尺寸，例如一位病患说他的尺寸让他觉得"只是半个男人……不是不好看，只是不够吸引人不够男性化。"

阴茎尺寸与身体其他部位的大小无关，壮硕的人不一定比瘦小的人雄壮。根据金赛性研究学会的资料，大学生平均尺寸是未勃起时3~4英寸，勃起时平均为5~7英寸（最小3.75英寸最大 9.6英寸）。最近一项调查是以1000多位20到69岁男士为样本，结果证明金赛的资料基本上是正确的，只是勃起时小尺寸的比例较多一点（40%的人是4.5~5.75英寸）。男人其实无需对尺寸过分在意——和其他灵长类比较，人类算是得天独厚了。200公斤重的大猩猩妻妾成群，阴茎勃起时仅一寸多一点。只有黑猩猩的睾丸胜过人类，但阴茎也不及人类。

但人类有能力制造刺激，而且乐此不疲。最简单的方法是加垫。有一部电影描写一个摇滚乐团的滑稽故事，片中贝司手在机场通不过金属侦测器，后来才发现下面用金属片裹了小黄瓜。今天一万多美国人尝试比较持久的方法：以手术加长或加宽（日澳德英等国也都有人尝试）。加长手术并不是真的塞入或添加什么，只是切断阴茎与耻骨之间的两根韧带，使原来隐藏在身体里的部分外露出来，一位整形医师认为这个手术应该称为"阴茎暴露术"较恰当。手术后勃起的角度较低，但可增长1~2英寸。加宽的方法则是注入脂肪，不过效果不是很美观，因为顶端无法加宽，看起来有点像中间被绑住的气球。

其实男人何必在意？某诊所有1000名患者要求加大阴茎，最后300名被接受。史达斯（R.H. Stubbs）医生研究这300名患者，发现大部分患有"更衣室恐惧症"，亦即与其他男人共处会不自在。近三分之一则是因曾被性伴侣抱怨或批评过。"更衣室恐惧症者"很可能视阴茎为与其他男人竞争的武器。

很多雄性灵长类会显露性器以示威胁或宣示权力范围。动物行为学家伊雷纳斯·艾柏艾毕斯佛（Irenaus Eibl-Eibesfeldt）发现，成群长尾黑颚猴喂食时，许多雄猴会背对群猴而坐，露出鲜红与蓝色的性器。当其他动物逼近时，雄猴会勃起，脸上并露出威胁的表情。此时的勃起当然不是为了交配，而是仪式化的威胁动作。亚洲与非洲有些地方的人会雕刻一种守护像，性器勃起，面露威胁神态。与一个性器大但瘦小的人比较，性器小但壮硕的人自是更具威胁，但大性器仍有宣示威胁的作用（试比较其他器官的展露效果）。

阴茎不（只）是战争的武器，也是吸引异性的道具，从动物的例子看来自是愈大愈好。不过在今天的社会里，女性通常无法立刻看到阴茎，因此阴茎在求爱上的价值便很可疑。多数女人看到时，多半已被追到手了。不过人类并不是一直都穿衣服的，想想看无衣时代阴茎的美学问题或许可以给我们一些启示。

对弗洛伊德来说这种思考非常不可思议："性器官虽然能制造最强烈的兴奋，但我们从不认为性器官本身是美丽的。"不论弗洛伊德的说法是否正确，女人不知是出自谦虚或缺乏灵感，似乎从来没有歌颂过阴茎。西尔维亚·普拉斯（Sylvia Plath）在《钟形坛》（*The Bell Jar*）里关于情人的阴茎有一段著名且令人难忘的描写："火鸡颈与火鸡胗。"卡蜜尔·佩利亚（Camille Paglia）的印象是"橡皮般左右难决，让人觉得可笑"，却又有女性性器官所缺乏的"理性的数学设计，井然有序的排列"。（她对女性的性器官更无好评，认为"轮廓模棱，结构紊乱"）。杂志上的男性模特儿照片一直引不起女性读者的青睐。

但视觉不是一切，多数研究都显示在性行为中触觉和视觉一样重要。哥斯达黎加大学生物学教授威廉　艾柏哈德（William Eberhard）认为，雌性选择的压力可能导致某些雄性的性器官变成"内化的求爱武器"，其美丑不在外观而在实用。自２０世纪60年代麦斯特与约翰逊（Masters and Johnson）的研究以来，性研究的标准观念是"大不大没关系"，至于有没有关系并没有确切的证据。色情产品当然都强调大就是美，暗示至少对男性的自尊及女性的初步印象是有关系的。

男性器官的尺寸透露出女性伴侣的习惯与偏好。我们先从睾丸看起，雄的大猩猩妻妾成群，彼此的竞争不大，因此大猩猩体型虽庞大，阴茎与睾丸都很小。反观黑猩猩的社会雌雄杂交，且无稳定的权力结构。雄性体积仅略大于雌性，但睾丸很大——这不只是装饰性质，每天及每次性交都能制造较多精子。如果数只雄猩猩都与同一只母猩猩交配，精子较多者自然较占优势。人类的睾丸在比例上大于大猩猩但小于黑猩猩，可能是因为远古社会的女人没有黑猩猩那般杂交，但也不像大猩猩那么忠实。（如果男人不必面对任何竞争，可能会发展出像大猩猩的小睾丸。）

人类的阴茎在所有灵长类里是比例最大的，但艾柏哈德发现，不管动物或人类都有"雄性器官复杂化"的现象。很多雄性器官都比雌性器官精致复杂，且超乎储藏精子的基本需要。昆虫学家詹姆士·罗德（James Lloyd）注意到，很多动物的阴茎附有"打开、剪断、举高、射出等设备……俨然是一把精密的瑞士刀。"很多昆虫的雄性器官非常复杂而迥异，甚至可作为分辨类别的可靠依据。

科学家相信，性器官复杂化是为了避免杂交。同种的雌雄器官才能完美相配，就像钥匙与锁一样。雄性器官较复杂的是雌性有杂交倾向的物种，显示性器官复杂化可能与竞争有关。性器官复杂化的原因有两种解释——一是锁与钥匙的配对，一是性淘汰的结果。动物生态学家高伦·安维斯特（Goran Arnqvist）为找出答案，以昆虫为对象研究雌性只交配一次及多重伴侣者的不同。如果锁钥配对的观念正确，只有单一伴侣的雌昆虫选择的雄性应该是性器官最复杂的，因为选错交配对象的结果会使雌虫付出惨重代价。但安维斯特发现，众多雄性争夺雌虫时雄性器官变化较大。

有些雄性器官的形状可能是因雌性的品味而变化，例如人类男性器官较大可能是因为可使女性感到刺激，从而有助受孕，或者有助于排挤其他男性的精子，让自己捷足先登。

均衡美

　　有些专家认为取悦女性不要只看大小，还要看均衡。行为生态学家兰迪·宋希尔（Randy Thornhill）及心理学家史帝夫·耿基斯德（Steve Gangestad）说，发展均衡的男性对女性较具吸引力，在床上的表现也较佳。这里所指的发展均衡是手、脚、足踝、手肘、手腕、耳朵等两边同宽。别忘了，在动物世界均衡代表的是发展良好，对寄生虫有抵抗力，生存力强，生殖力旺盛，但不一定与忠实奉献等有关。

　　一般人似乎不太可能注意到某人手腕是否对称，女人也不太可能因男人脚踝等宽就受吸引。不过，身体对称的男人通常有其他吸引人的地方，如脸较端正（前面说过对称的脸较吸引人），身材较高大厚实。日本雌蝎虫喜欢尾翼对称的雄虫，实际上吸引雌虫的是雄虫的费洛蒙，透过这种化学信息雌虫即使看不到雄虫的对称美也会被吸引。蜜蜂也会被对称的花朵吸引，因为对称的花朵通常有较多花蜜。对称是隐藏的吸引力，与诱人的香气、花蜜、脸孔相呼应。

　　对称之所以美是因为对称是整体健康的指标。生物在发展过程中可能遭遇近亲繁殖、寄生虫、辐射、污染、极端的温度、艰险的居住环境等挑战，这些都可能影响对称部位的发展，如鹿角、花瓣、尾巴、翅膀、脚踝、足、脸、整个身体等。任意对称（fluctuating symmetry）最能反映出生物处理压力的能力，对称的动物一般而言生长速度快，繁殖能力强，存活时间也较久。

　　动物学家莫勒与行为生态学家宋希尔检视62份研究，发现在41种被研究的生物里，78%显示任意对称与交配成功率或性吸引力有关，人类是其中的一种。

　　据调查，身体对称的男性第一次性经验比其他男性提早三四年，求爱过程中较快发展到性关系，性伴侣比其他人多出二三倍，且较易让伴侣满意。宋希尔与耿基斯德研究86位二十几岁的异性恋男女，发现性伴侣身体对称的女性达到高潮的频率较高。

　　读者或许以为女性高潮的频率与下列因素有关：彼此的爱意，对彼此的关系是否用心维护，男性的赚钱能力，性经验及行房次数等。事实上最能准确预估高潮频率的是男性的任意对称程度。谈到高潮的频率与时间，肉体的吸引力还是最重要。身体对称的男性通常较高大，肌肉较结实，脸部也较英俊，这些都会影响性伴侣的高潮经验。其实对称本身也有其功能。如果说高潮是女性影响其生殖结果的一种选择，显然女性偏爱的是身体壮硕对称、脸孔英俊的男性。然而身体对称的男性一般较其他男性不忠实，对彼此的关系较不用心维护。这不能单纯解释为男人不坏女人不爱——也许对称男性的女人缘表示他们可以从更多竞争者中做选择。

身体对称的女性同样较受欢迎，不但性伴侣较多，生殖能力似乎也较强。一项研究显示，胸部大而对称的女性生殖力较强。有趣的是女性的对称会随生理周期变化，在排卵日最为对称（理论上也是最具吸引力）。生物学家约翰·曼宁（John Manning）以30位19岁到44岁的健康女性为对象，测量其左右耳及双手第三、四、五根手指，同时以超音波追踪排卵时间。结果发现排卵前24小时内，不对称的情形减少30%。

恋 胸

1947年小说家约翰·史坦贝克（John Steinbeck）写道："初降地球的外星人可能会以为人类的生殖器是乳房。"因为男人是如此迷恋女人的乳房。人类学家指出有些文化认为乳房并不性感，但有任何地方的男性不认为女孩的胸部是美丽的吗？

在哺乳动物中人类是很特别的，只有人类会在青春期发展出圆润的乳房，而且不论是否哺乳都维持圆润。其他哺乳类只有在充满乳汁时才会胀起，哺乳期过后就恢复平坦。对动物而言乳房并非性的象征，恰恰相反，胀起的乳房代表因怀孕或哺乳而无法繁殖，反而是性的反象征。

人类的乳房尺寸与乳汁的质量无关。人类学家巴比·罗（Bobbi Low）认为乳房是伪信息，制造可供下一代丰富营养的错觉。但有人认为乳房的哺乳功能与性感象征是相冲突的，男人愈是想到哺乳功能，就愈觉得不性感。又有人认为乳房确实代表怀孕所需的脂肪存量。

与黑猩猩可胀可缩的乳房相比，人类的乳房要付出较大的维护代价。所有的女运动员都知道，乳房愈大愈妨碍跑跳与手臂、上身的动作。古希腊传说的亚马逊女战士去除右边的乳房，就是为了避免妨碍射箭。现在有厂商推出运动胸罩，可降低振动，保护乳房，生意相当不错。另外日本某大运动用品商最近也推出一种泳衣，模仿飞机与船舶的技术，旨在减少因乳房产生的阻力。

乳房的优点何在？第一，男人觉得很美丽，事实上很多女人也觉得美丽。戴斯蒙·莫里斯（Desmond Morris）认为，人类发展出大而圆的乳房是为了让男性的注意力集中到前面，有助于两性面对面的结合。很多动物有鲜艳浑圆的臀部，往往便是由后方交配的。莫里斯认为丰挺的乳房之所以吸引人是因为状似性兴奋时的状态，兴奋时乳房会变得更圆更结实，乳头更坚挺。

姑且不论乳房的演化是否为了让男人女人面对面，对乳房的审美的确与形状有关，且随着时代而不同。但不管社会上偏好何种尺寸，性感的乳房永远是坚挺的，而不会是松弛、拉长或布袋型（布袋型是老年象征，即使长在少女身上也是一样）。观察时代的演变，文艺复兴的绘画里浑圆的乳房总是"抗拒地心引力"地高

挂胸前，经过1949年"鱼雷"胸罩引发的大震撼，到魔术胸罩托起的圆峰，到整形手术——不曾生育的少女的乳房是永远的典范。

过去可能只有年轻女人的乳房才被认为性感，若经常哺乳而变形，性感度必然降低。唐纳·赛门斯说："经过几年的哺乳，乳房的形状可能是魅力的杀手，因为那是年龄与曾经生育的确切证据。"一位人类学家告诉我，乳房的形状一般分为三种，他以手势表示：一种是手平贴胸部（不育的年轻女子），一种是手掌与胸部垂直（有生育力的年轻女子），一种是手掌在胸前略向下弯（曾生育哺乳且较年长者）。

袒胸是在文艺复兴时期开始形成一种风格，当时上层阶级的妇女都会雇用奶妈。根据玛丽莲·叶伦（Marilyn Yalom）的说法，当时90%的人口是准奶妈，只有10%不是。雇用奶妈是地位的象征，自己喂奶则多因为贫穷。从绘画中可以看出农妇与奶妈乳房多下垂，上流社会的妇女则是高挺圆滚。她们穿着束腹将胸部拱起，紧身袖子突显臂膀细瘦，紧致的上身突出高挺的圆峰。自文艺复兴以降，这种打扮一直是上流社会的一种正式穿着。

1940年到1970年，母乳替代品与奶瓶的普及使喂奶的人愈来愈少。同时以露胸为性感的风潮再度兴起。1943年珍·罗素在电影《罪犯》（The Outlaw）里穿着仰慕者霍华·休斯设计的金属上拱胸罩，成为第一位露胸皇后。1950年与1960年，许多胸前伟大的女星都成为荧幕偶像，包括拉娜·透娜、黛安娜·朵尔斯、玛丽莲·梦露、碧姬·巴杜、姬娜·露露布里姬妲、珍·曼斯菲德等。

衬垫、波霸胸罩、丰胸乳膏还不够，永久性的整形技术发明后女人又开始勇于尝试。到1991年，超过200万妇女做过隆乳。在最盛时期，每年有12万到15万人尝试。1992年2月，基于安全理由美国食品药物管理局开始严格限制植入手术。但到1998年，采取手术的人次又攀升到122000人。硅胶仍禁止用于整形，但固体硅填塞盐水则不禁止。目前最新的趋势是以大取胜。

硅胶隆乳的确切危险性现在还不确定，但将外物植入易受感染的部位毕竟是危险的。植入者常有疼痛麻木、淤伤、形成坚硬纤维囊等情形，甚至会破裂流出。有些乳房手术会影响乳房X光照相及哺乳。另一个饶富争议的问题是硅胶破坏免疫系统的可能性。盐水植入虽然较安全，但还是有其他问题——感染、创疤、破裂、影响乳房哺乳等。

在美国乳房是情色的焦点，这可能与哺乳率降低及乳房手术普及有关。有趣的是，在这个人人患有脂肪恐惧症的社会，脂肪在身体任何一处都被视为洪水猛兽，唯独这两颗肉球仍集宠爱于一身。

纤 腰

　　但这脂肪若是往下移几英寸，减肥机器、束腹、抽脂及减肥书立刻要派上用场。在胸部身价百倍的脂肪，到了腰部就成了累赘。蜂腰虽不及乳房性感，却和对称一样是隐性的吸引力，对身体给人的观感有绝大的影响。

　　腰部是指胸腔与臀部胯骨棱之间，除了肌肉之外还有一些器官。腰形取决于脂肪、肌肉及器官的健康情形而定。更年期以前的健康妇女腰臀比为0.67~0.8之间，也就是说腰围约为臀围的十分之七或八。健康男子的腰臀比约为0.85~0.95。由于睾丸激素的影响，男性的脂肪多储存在腹部及颈肩，而非臀部大腿，因此男性较容易有啤酒肚。女人的身材则偏沙漏型，脂肪易囤积在臀部。轻微的体重增加不会改变两性这种基本体型，而且全世界高矮胖瘦的人都是如此。

　　女性在雌激素的影响下在青春期开始形成沙漏体型，年轻女性的脂肪储存最多的地方就是臀部大腿。大腿约占女人体重的四分之一，难怪大腿减肥乳液的营业额在1996年高达900万美元。尽管没有证据证明这些乳液有效，但女性同胞是什么方法都愿意试的。事实上，即使用节食的方法，最先减去的也是上半身与乳房的脂肪。因为这些部位的脂肪很少使用，储存在此的目的是为了确保怀孕与哺乳时身体所需。

　　女人的纤腰虽美，却是短暂的美。怀孕初期便开始变形，产后又很难恢复。到更年期，很多女人的腰臀比已接近男性。腰部是荷尔蒙功能的最佳观测站，患有多囊性卵巢疾病的妇女会有睾丸激素增加的情形，腰臀比较接近男性。雄性激素太多会使身体的脂肪储存在腹部，而非臀部。

　　腰臀比与女性的生育力有密切关联，这可以从两项大规模严谨的生育能力研究得到证明。研究之一的对象是荷兰某诊所接受人工受孕治疗的500位妇女，结果发现脂肪的分布对受孕率的影响胜过年龄或肥胖。腰臀比低于0.8者（较接近沙漏）受孕率几乎比高于0.8者多一倍。另一项研究是以接受试管婴儿治疗者为对象，结

果相去不远。即使去除女性的年龄、身高体重比与抽烟的历史，脂肪分布的影响依然很大。

如果说男性寻觅的是生育力旺盛的女性，纤腰成为美的象征恐怕不是偶然。心理学家戴文卓·辛英（Devendra Singh）研究18种文化的男性对不同女性体型的观感，发现影响吸引力的因素中腰臀比的重要性胜过胸围或腰围。

辛英是让研究对象看图片选出最美的女体，图片有三种体重（过重、标准与过轻），三种腰臀比（0.7、0.8与0.9）。几乎所有男人选的都是标准体重腰臀比0.7的体型。

辛英认为男性天生偏好纤腰丰臀的女体，这表示生育力强，雌性激素高而睾丸激素低。同样地，稍微夸张还是受欢迎的，辛英发现0.6的腰臀比也被认为是美丽的。性感象征芭比娃娃三围36—18—33，腰臀比仅0.54。

仔细观察偶像美女会发现辛英的论点很有根据。奥黛丽·赫本与玛丽莲·梦露是20世纪50年代两种截然不同的荧幕偶像，前者三围31.5—22—31，后者36—24—34，同样是腰臀比0.7的沙漏形。有些人认为美国人开始欣赏男孩式的直筒身材，其实不然。观察20世纪20年代到80年代的美国小姐，或是1955到1965年，1976年到1999年的《花花公子》女郎，你会发现前者的腰臀比都在0.72到0.69之间，后者也不脱0.71到0.68的范围。

现在的超级名模标准三围是33—23—33，腰臀比0.7。号称"美体之最"的艾儿·麦佛森（Elle MacPherson）腿长44英寸，三围36—24—35，腰臀比0.69，仍然曲线曼妙。现在的模特儿可能长得更高，胸部更大，臀部更窄，但沙漏形是永远不变的，因为健康的年轻女性储存脂肪的地方仍是臀部而非腹部。

心理学家马丁·托维（Martin Tovee）的研究也得到相似的结论，他研究的范围相当广，包括超级名模，《花花公子》的模特儿，一般妇女各300位，少数饮食失调症者（厌食症与贪食症）。结果发现超级名模的身高明显是最高的，超级名模与《花花公子》模特儿都比一般妇女瘦（但比厌食症者胖），身材都是玲珑有致，腰臀比分别为0.71与0.68。《花花公子》模特儿因身材较矮，更是显得凹凸有致。总之，即使是时装模特儿也不是托维所谓的"竹竿"。

有些人认为模特儿要为年轻女性的饮食失调症负一部分责任，但托维发现这两

种女人的体型差异甚大，也就是说节食无法造就模特儿的身材。模特儿的身材结合了纤瘦与曲线两种特质，在统计上是一种异数。以名模特儿涂姬（Twiggy）为例，她在最有名时体重41.7公斤，三围31—24—33，腰臀比0.73——即使瘦削如她也积存了一些脂肪在臀部。

除了生育能力之外，细腰也是健康的征兆。腹部肥胖在两性都会提高心脏病、糖尿病、中风、高血压、胆囊疾病、癌症的风险。如果只看健康与否，细腰当然是比较好的。但别忘了，上述疾病多属现代文明病。腰臀比虽然是现代人健康与否的指标，从进化观点看，在审美观上的重要性应该还是与生育力有关。

在美国肥胖对美丑的影响极大，甚至超过胸围或腰臀比。男性虽欣赏沙漏形女体，但若是加入肥胖的因素，男人宁可选择偏直筒但体重标准或较瘦的身材。在前述辛格的研究中，最胖与最瘦的两组被视为年龄差距8岁到10岁（两组图形的脸完全一样）。年龄的错觉的确可能影响美丑的观感，但在现代这个肥胖恐惧的社会，社会地位也是可能的因素——社会地位与肥胖有明显的负相关关系，尤其以女性为然。

腰部一直是流行女装的一个重点，利用紧身胸衣、宽皮带、低腰裤等加以凸显。过去五百年来紧身胸衣一直是流行的一部分。根据《牛津英语字典》，"紧身胸衣"第一次出现是1299年描述爱德华一世的皇室衣柜时提到的。人们不仅以紧身胸衣使腰变细，胸部托高，更利用衬垫、鲸骨环、裙撑、裙衬等使臀部扩大。裙子的变化有时向两边扩充，有时束成一圆筒，有时在臀后隆起一团。直到20世纪初女人才有幸摆脱这些可笑的装扮，这要感谢设计师玛德琳·维欧纳（Mgddeine Vionnet）与保罗·波列（Paul Poiret）创造了更流畅的风格。不过，时尚界仍不时回头强调女性的腰部，例如1947年迪奥的束腰宽裙款式，以及薇薇安·威斯伍（vivienne westwood）与约翰·高蒂尔（John Paul Gaultier）都曾戏谑式的重现紧身胸衣的风采。

另一种看似不相干的流行——高跟鞋极可能与突显沙漏身材的欲望有关。然而真正要穿高跟鞋不应该是极度在意身高的男性吗？事实上最初是男女都穿高跟鞋，后来逐渐由平底高跟演变为细跟后，才成为女性的专利。细高跟鞋创于意大利，流行于巴黎，到1953年为最盛时期。

高跟鞋广受女性欢迎是因为它不只能增加身高，而且如模特儿维若妮卡·韦柏（veronica webb）所说的："穿上高跟鞋就等于把屁股放在展示柱子上。"穿高跟鞋时重心偏赖在脚后跟，迫使女人要抬头挺胸，结果是胸部看起来更大，腹部更平坦，臀部更圆翘。还有一个最大的优点，腿形看起来更圆润修长且具弹性，就像性兴奋时的反应。

　　更别说女人的摇曳生姿。有人说女人穿高跟鞋很性感是因为看起来很柔弱，无力逃脱。也有人说是因为臀部的摇摆，顶尖鞋子设计师马诺若·布莱尼（Manolo Blahnik）说："我在这个行业二十三年了，做过各式各样的鞋子，高跟鞋所产生的女性化姿态是独一无二的。如果女人能抗拒高跟鞋的诱惑，我今天也不会在这个行业了。"

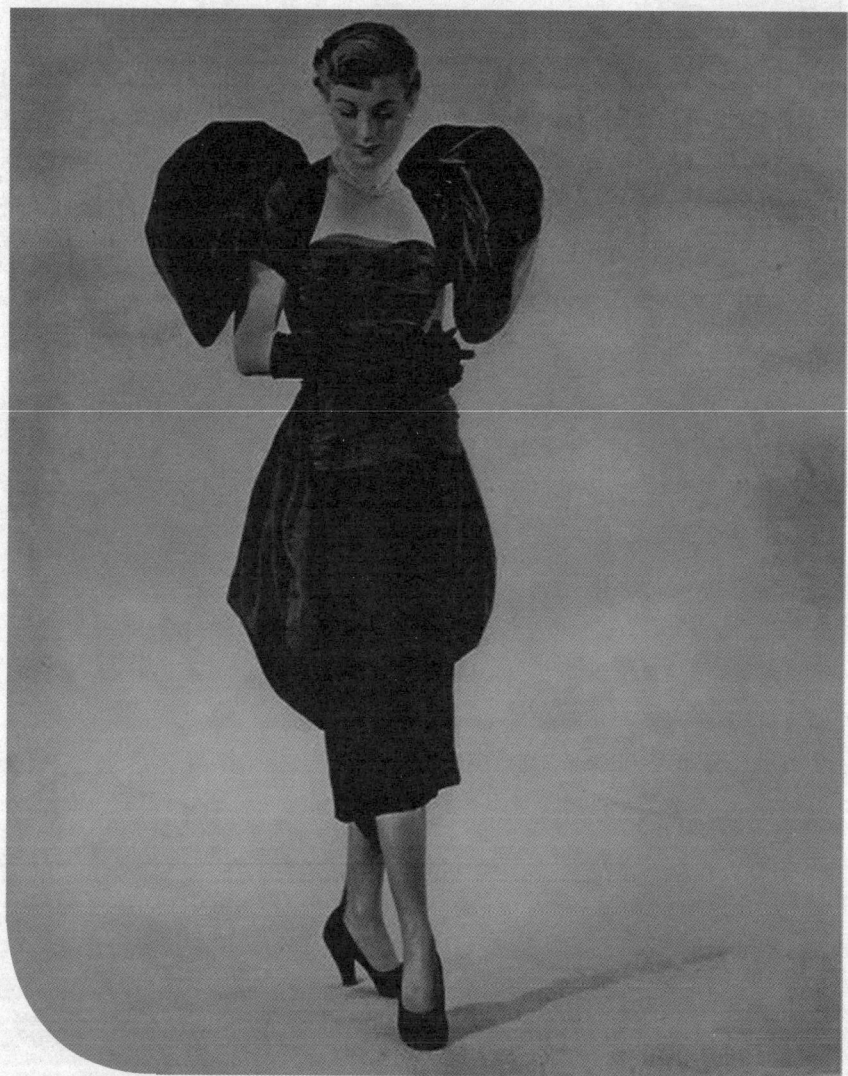

纤瘦美人

在美国及多数西方国家，美丽与苗条几乎可以画上等号，美女必须轻盈如芭蕾舞者，当然这有赖极度的自制能力。在现代物质丰富讲究美食的社会，薪水傲人的模特儿却是身高175公分、体重不到50公斤的苗条淑女，让平均身材163公分和64公斤的一般妇女又妒又羡。

一般衡量体重有所谓的身高体重比，即身高（公分）除以体重（公斤）。美国政府建议一般人维持25的身高体重比。以一个身高163公分的妇女为例，标准重是65公斤。这样也许很健康，但从流行的角度来看恐怕得再减掉十几公斤才够标准。

然而要减10公斤谈何容易。尽管美国人每年投入400亿美元在减肥中心、健身俱乐部、减肥餐、低卡饮料、食欲抑制剂、运动器材、运动录影带，一般人还是愈来愈胖。据统计美国人有三分之一是胖子（超过标准20%），换算起来大约是3200万女性及2600万男性。1980年以前的三十年里，过胖人口大约都稳定维持在25%，1980到1991年突然剧增。英国也有类似的问题，男性过胖人口约13%，女性16%，较过去十年增长一倍。事实上，很多发达国家都面临同样的问题。

如果媒体对我们的影响真如专家所说的那么大，照理说大多数男女应该变得愈来愈瘦，不然每年投入瘦身产业的钱都到哪里去了？然而美国人的脂肪消耗量在20世纪80年代只下降了2%——脂肪占所有卡路里摄取量的比率从36%降到34%。高油脂的薯条、汉堡、鸡块是五种成长最快速的食品之三。套餐的分量也愈来愈可观，餐盘从10英寸增大到11、12英寸。运动录影带或器材也没有发挥多少帮助，美国人每天平均用来运动的时间只有16分钟，24%的美国人根本是长在沙发上的植物。假设一个人整天躺在床上，维持生命功能每天只需1400～1600卡路里的热量，活动力强的人也只用到2000卡路里。食物如此丰富，耗费的热量却这么少，难怪肥胖身材愈来愈普遍。

肥胖不一定是因为懒惰或虚伪、贪吃或邪恶，只能说是人类的本能。远古时代

旱灾、水患、地震、动植物缺乏等常会造成饥荒，人类历经千万年的进化养成一套适应的机制——努力摄取食物与储存脂肪。即使在今天，仍有近半数发展中国家每年至少有一次食物短缺，其中三分之一是严重短缺。人体除了平时会储存脂肪，还会因应食物短缺调整新陈代谢并且提高食物使用效率，当然这种适应环境的机制是节食者的最痛。

但这个机制至少在古老的时代很有助于适应环境，别忘了人类并不是一开始就懂得圈养动物获取丰富的脂肪，或炼糖制造酪饼、甜甜圈。然而就像其他乐趣一样，人们倾向于追求夸张而非精致。每一个大型超市都有成列的糖果饼干，每年夏天都能处处闻到烤肉香。

在不久以前人类还可以随心所欲地享受美食，一方面可能是因为过去食物的质与量都比较有限。正如人类学家拿破仑·伽格南（Napoleon Chagnon）所说的：「棕榈叶心在美国可能很珍贵，但是当他和Yanomoma族人同住时，发现只有棕榈叶心可吃，一点也不觉得珍贵。」在20世纪以前，人类摄取与消耗的热量大抵相当。过去没有汽车代步，没有超市供应包装好的食物，没有电器产品帮我们做家事，没有各式各样实用的商品，当时人类还有很多活动可以消耗体力。今天的人们坐在办公室里，然后坐在车子里，最后是坐在电视前的沙发上——你得勉强自己做点运动才能消耗热量。

肥胖的人愈来愈多是很正常的——现代物质丰富，人体没有抵抗脂肪与甜食的机制，而且我们不断在创造一个不需费力就可生存的世界。然后我们被迫做违反自然的事——抗拒美食诱惑，做一些无意义的活动只为了燃烧体内的脂肪。这种数百年才形成的趋势在某些地方却是一夕形成，如南太平洋的东加群岛。1986年的研究发现四十几岁的东加妇女有三分之二是胖子，罹患糖尿病、高血压、心脏病的人非常多，平均寿命愈来愈低。生活形态的快速变化是肥胖的主因，汽车被引进，过去自己种树薯捕鱼的岛民开始吃进口食物。他们不了解肥胖对健康的影响，也没有瘦身的审美观念可帮助控制食欲。东加人快乐地吃下整条面包（涂上厚厚的奶油），冰淇淋也毫无顾忌地大吃。新西兰人嫌羊肉某些部分太油而不吃，全部运到东加成为最受欢迎的日常正餐。世界卫生组织必须费一番唇舌说服国王土波四世（Tupou IV）控制体重的重要。国王身高188公分，体重198公斤，1976年被列为世界最重的领袖。后来国王也体认到应洗刷胖子的恶名，恢复东加人运动健将的声誉，自己努力瘦身，并拍成影带教育国人。现在东加人也加入西方人节食的行列，不过胖子依然很多。

一说非西方文化有一种肥胖美学。古代的生育女神如维纳斯便是丰胸肥臀。在阿尔及利亚东南的安南（Annang）及其他西非国家，准备出嫁的女孩会住到增肥屋里先养胖。多余的脂肪有助于受孕及生出健康的宝宝，他们相信重量级的妈妈会生出重量级的宝宝，而且成长得特别快。肥胖为女孩与女方家庭带来社会地位，这表示女方家有足够的资源可以把女儿养胖。不过很少女孩能待到养胖，即使累积了一些脂肪也只是暂时性的。经过进化的美丽侦测机制追求的是一般或中庸的身材，也就是苗条。

事实上多数研究的结论也是如此，亦即最受欢迎的不是极胖或极瘦，而是一般身材。戴文卓·辛英研究18种文化的结果是如此，精神治疗师安·贝克（Anne Becker）在胖子极多的南太平洋岛国斐济的观察也是如此。不过斐济人和美国人不同，三分之二的胖冠胖妹并无强烈的减肥欲望，也不会为了达不到某种理想身材而节食、锻炼自苦。贝克访问的胖女人中半数以上愿意维持目前的体重，但让他们看13种图片选出最美的身材，还是中等身材最受欢迎。心理学家艾瑞安·芬汉（Adrian Furnham）将类似的图片拿给英国人、乌干达人及肯尼亚人看，得到高度一致的结论，没有人选择最瘦或最胖的，无论男女都是中等身材最受青睐。贝克的研究发现，斐济人两性的标准差不多，城乡的审美观也无甚差异。

然而为什么有些社会标榜极胖或极瘦的审美标准？影响人类发展的进化因素很多，有些甚至是互相抵触的——喂饱肚子是一个因素，吸引配偶是另一个因素，而且与健康、社会地位等关系密切。社会地位的因素有时候会与填饱肚子的动机相冲突，且可能凌驾审美的考量。举例来说，我们都觉得太瘦或太胖不美，但若是太瘦或太胖是社会地位的象征，人们便会视同其他财富形式般趋之若鹜。人类学家玛格丽特·麦肯锡（Margaret MacKenzie）说，"在一个国家，如果只有国王因掌控足够的资源与劳力，而又不必从事体力劳动而有发胖的本钱"，肥胖就成了地位象征。一个瘦子可能是太穷而吃不饱，或是必须从事耗费热量的劳动。当社会上胖女人多半较穷时（因垃圾食物较便宜，本身教育程度低而不了解发胖的危险，或无力负担昂贵的健康食物），那么苗条、节食、运动就成了地位的象征。

杰弗瑞·梭柏（Jeffrey Sobal）与艾伯特·史丹克（Albert Stunkard）是研究肥胖的专家，针对社会地位与体重的关系研究了144份报告。发现几乎所有发达国家都有一共同现象，女性的体重与社会地位明显成反比，这些国家包括比利时、英国、加拿大、捷克、德国、荷兰、以色列、新西兰、挪威、瑞典、美国等。在食物短缺的发展中国家则是明显呈正比，无论男女都是地位愈高体重愈重。在发达国家，男性的体重与地位则无明确关系。

苗条为美的标准是地位高者透过饮食控制与运动来维持的，另一个维持的力量是社会流动——纤瘦的女人比较可能上嫁给社会地位优于自己的男人。英美德的研究都发现，同阶层的女性上嫁者比下嫁或平嫁者纤瘦许多。此外，基因也是要考量的因素。当双胞胎同样饮食过量，发胖的程度与部位几乎都一样。体重与身高一样受到多种因素影响，基因设定的是上限，上限以内的空间则与后天环境有关。

高级时尚界是崇尚消瘦的极端表现，在20世纪甚至已从时尚界感染到一般大众。以英国两个海报宠儿为例，20世纪60年代的涂姬（Twiggy）身高168公分，90年代的凯特·摩丝身高170公分，体重都不到45公斤。正如詹姆士·沃考特（James Wolcott）在《纽约客》（The New Yorker）中所批评的，"谈到女性身材的坏示范，凯特·摩丝绝对够资格当箭靶。"这些人确实影响了媒体上关于美的呈现。60年代的美国小姐平均身高168公分，体重54公斤。二十年后身高长了 5公分，体重却没变。同时期《花花公子》玩伴女郎也是长高又变瘦，从低于全国平均体重11%降到17%。甚至连哥伦比亚电影公司那个擎火把的女郎标志在1992年也变瘦了。随着苗条即美的观念愈来愈牢不可破，女性主义者与社会批评家开始对此大加挞伐，认为是对女性的危害与压迫。他们指责模特儿投射错误的女性形象，制造永不变老与柔弱的形象。也有人批评模特儿的长相活似吸毒者，或给人以儿童色情主角的感觉。最常听到的批评是散布疾病，造成青少年饮食失调症的流行。第一记警钟是1978年希达·布鲁克（Hilde Bruch）敲起的，她将厌食症称为"传染病"，以下列文字唤醒世人的注意："新的疾病并不多见，专门袭击有钱美少女的疾病更是闻所未闻。但确实有一种疾病在高教育程度、事业有成、富有人家的女儿间流传……过去十五、二十年来厌食症正快速蔓延，这在过去是极为罕见的。"几年后，美国《新闻周刊》（Newsweek）宣称1981年为"贪食症候群年"，唤起大众对另一种饮食失调症

贪食症的重视。

娜欧米·伍尔夫（Naomi wolf）曾说："要变成厌食症者再容易不过了"，似乎暗示每个节食的少女都有罹患的可能，此言一出恐怕吓坏了不少美国妈妈。她呼吁女性"视厌食症为政治迫害，因为社会观念视女性的毁灭如无物"。这些话道尽现代女性想要掌握自己身体的无奈。伍尔夫的书引起很多年轻女性的共鸣，她们已厌倦了与身体对抗，厌倦追求永远达不到的美的标准。饮食失调症究竟有多普遍？形成的原因又是什么？事实上在现代社会里节食与暴饮暴食实在很普遍，根本很难定义何谓正常的饮食。历史学家琼安·布伦柏格（Joan Jacobs Brumberg）指出，饮食失调症并非始于20世纪60年代。以总人口论，这类患者并不多，即使在年轻女性中也不常见。以美国为例，贪食症的患者在大学年龄的女性中约占1％到5％。厌食症者更少见，多发生在青春后期及20岁以前，占女孩人口的5‰到1％。厌食症危险性较高，死亡率虽不算高却也不容忽视，患者每日摄取热量可能只有200到400卡路里。贪食症的症状是有时暴饮暴食有时不吃不喝，一次可能摄取8000卡路里。90％到95％的患者是女性，其中绝大部分来自上层白人社会，但没有特别的种族或性别色彩。男同性恋也有愈来愈多饮食失调症患者，此外随着女性有色人种进入上层社会的机会增加，患者也有增多的趋势。

当然，人们很容易把罪名加诸广告或流行界，但别忘了，现代社会几乎没有人不受广告影响，但98％的女性都没有患病。很多女人节食，很多女人对自己的身材极度不满意，但极少人体重会降到32公斤且停止月经，很少人会一次吃掉四天的食物。罹患厌食症或贪食症并不是"再容易不过"，这种严重的疾病有复杂的病因，抵抗力较差的年轻女性及少数男性可能成为牺牲者。

从进化的角度来看苗条即美的观念并无先例，甚至是与历史的轨迹方向的相反。我们知道，饮食失调症可能影响妇女的生育能力。动物也是如此，严格限制老鼠的饮食（但给予必要的氨基酸、维它命等），雌鼠的动情周期会受到压抑，生育能力受影响。挨饿的动物不会繁殖，甚至不会交配。关闭生育能力是身体适应环境的安全阀，在饥荒时可避免怀孕而需要比平时更多的食物。不过，最近科学家发现这些食物短缺的动物寿命较长（多30％），生育能力处于暂停状态，等待食物充足时便又恢复生机。研究发现，食物短缺的中年老鼠卵巢老化的速度也会减缓。

听起来似乎会让现代妇女有某种联想，心理学家也注意到这个现象，提出女性可能潜意识利用节食控制生育的概念。饮食失调症与节食风潮是20世纪60年代两个重要现象，性自主与经济独立让女人产生延迟生育的欲望。我们可以从另一个角度探讨这个现象：推动苗条审美观的不是男性而是女性，这或许有助于了解上流社会崇尚纤瘦的心态。

　　然而，如果极度纤瘦代表生育力较差，男性不是避之唯恐不及吗？答案显然是否定的。因为现代的纤瘦女子往往同时具备高挑与凹凸有致的条件，何况纤瘦已成为一种社会地位的表征，对男性自然更具吸引力。

　　极度纤瘦是一种时尚，也正如多数时尚一样是由上层社会塑造出来的。身体反映的不只是以繁衍后代为主的进化推力，也会反映出社会与文化因素，而表现最具体的就是流行。

对人而言，「我」与「我的」之间的界线非常模糊。

——威廉·詹姆斯 (William James)

透过流行彰显个人的自我观感是一种甜蜜的搔痒，任谁也无法抵抗。

——汤姆·伍尔夫 (Tom Wolfe)

即使你身无分文前途茫茫……只要穿上新衣服，你就能站在街头，幻想自己是克拉克·盖博或葛丽泰·嘉宝。

——乔治·欧威尔 (George Orwell)

流行总是英年早逝，因此我们必须抱持一点宽容的心。

——法国诗人简·考克多 (Jean Cocteau)

流行之美

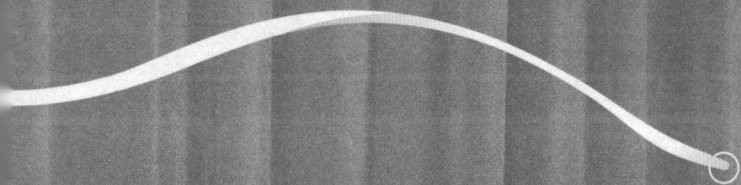

在巴黎时装秀上你会看到 Thierry Mugler 的服装挂在模特儿的乳头上，John Galliano 设计的衣服长达 12 英尺。在缅甸巴东族（Padaung）的女人脖子上套着 10 磅重的项圈，小腿与手腕上也装饰着层层金属圈。纽约市街头的女孩穿着迷你裙加长裤，脚蹬面包鞋。有任何人能同时欣赏上述所有风格吗？不太可能，但在特定时空地点这些风格都能领一时风骚。

有人说普遍性的流行品位不存在，我举双手赞成。罗马诗人奥维德（Ovid）说："流行的善变让人无从追索，似乎每一天都有新的风格出现。"他指的是发型，套用到普遍的流行显然也很适用。翻开流行史，不管是发型、鞋子或从头到脚之间任何身体部位的装饰，你都不可能找到一种所有人都认可的流行。流行可以突显人们的审美观（从所欲强调或遮掩的身体部位看出），但流行不等于美。流行的变幻无常让人目不暇接，但与美无关。流行这么丰富的题材很难以一个篇章论定，本章旨在指出很多被误以为是美的事物。

昆汀·贝尔（Quentin Bell）说流行就像果蝇，同样短命且变幻快速，因而成为社会学家与遗传学家最有兴趣的研究主题。流行是一种艺术形式、地位表征、个人态度的展现。人们创造流行就像创造建筑或家具，都是为了界定自身与外在世界的关系，同时追求舒适与保护。不同的是，流行是个人的视觉延伸，因而能以更复杂的方式反映人的欲望。

流行属于目前。最昂贵的衣服总是在生活剧场中首演：数个月的努力，最后在一群受邀观众面前做惊鸿一瞥的展示，伟大的服装只为一瞬的生命。当代的流行可能源于古老的概念，但真正诉求的是当下的意义——抓住现在，刻在记忆里。时装是有渗透性的，会吸收融合周遭的观念。比如二次大战后迪奥引进大量耗布的女装，同时期汽车界也流行起夸张的镀铬装饰。不了解 20 世纪 60 年代的摇摆乐与避孕丸，就不能明白玛丽·匡特迷你裙的来源。

性

衣着可以表达很多信息，但主题脱不了性与地位。衣着与性的关系极为明显，即使是前卫设计师也不能否认。英国设计师凯瑟琳·汉涅 (Katherine Hamnett) 说："无论男人或女人，在某种程度上穿衣服的目的都是为了上床。"Gucci设计师汤姆·福特 (Tom Ford) 也说："流行的全部内容就是求偶……想想看一个18岁少女出门前的情景，那么精力无穷地试穿一套又一套的衣服，对她们而言穿着是如此重要……真正的流行狂热多少与性有关。"

衣着可以让人看来更年轻、高挑、富有、完美、精力充沛，让人在发型不如意时还有别的武器。换句话说，衣着可提升一个人在求偶市场中的价值。即使是动物也会操控身体的信息，以达到有利自身的目的——例如前面所说，尾羽较长、毛色鲜艳的鸟求偶时较顺利。人类也是如此。流行蕴藏庞大商机，一部分的诉求就是提供别人不实的信息。商人或许过度夸耀其制造错觉的效果，但不能否认确实有些许效果。尤其在高明艺术家的巧手之下，甚至有点石成金的惊喜。

有些人类学家相信，衣着的原始目的是唤起人们对性器官的注意，而非掩饰。掩饰的功能是西方性道德意识抬头后才出现的。原始艺术与身体装饰都在凸显生殖器官，直到16世纪初基督教的艺术仍强调耶稣的生殖器。后来才出现了缠腰布与无花果叶，衣着逐渐成为身体的守护物，具有防堵不洁思想的功能。

尽管衣着被用来减少性联想，但效果往往适得其反。在讽刺小说《企鹅岛》(Penguin Island) 里，作者安纳托·弗朗士 (Anatole France) 描写传教士决定让新入教的母企鹅穿衣服，反而使公企鹅大为骚动。曼吉斯教士说："那些年轻女士的重点以粉红色遮住后，男士们鼻子全部移向那个部位，那景象让人叹为观止……我自己也有些醺醺然，情不自禁也要被企鹅吸引。"

衣着可凸显原有的吸引力，使颈部更长，胸部更大，肩膀更宽，腰部更细，臀部更有曲线，脚更小腿更长。衣服让人对遮掩的部分好奇，激发人的想象力，

并选择性地裸露身体的某些部分。福路格（J. C. Flugel）在他所著的《穿着心理学》中谈到，风格就是"性感带的变动"。即使是最保守的衣服也会裸露部分，那与刻意关闭性信息的穿着大不相同（如修女服或伊斯兰教头巾）。日本和服故意裸露后颈，在不断变化的西方时尚里，有时露腿有时露胸或露背，总是维持鲜活的性趣于固定的点，仿佛身体蕴藏无限的情色可能。

修正主义的历史会认为19世纪的裙撑也是引诱的工具。事实上裙撑让女人觉得比较自由，不必承担数磅重的裙摆，双脚也可自由移动。根据流行史学家詹姆斯·雷佛（James Laver）的说法，以裙撑作为卫道工具"其实是虚有其表……人们总以为裙撑是固定不可动的，真是大错特错。裙撑永远在移动状态……左右摇摆，前后晃动。"甚至还可向上提起。走起路来摇曳生姿，沙沙作响，似乎永远在裸露的边缘。在19世纪，裙撑其实是最大的性诱惑。

20世纪初的设计师如波列（Paul Poiret）与维欧纳（Madeleine Vionnet）将女人从紧身胸衣的束缚中释放出来，可以选择较轻松的衣服。从此开启20世纪最大的流行事件——身体的裸露。即使是波列最美丽的模特儿也不必有完美的身材，例如一位模特儿的"胸部必须像煎饼一样卷起来，才能塞入紧身衣里"。今天的模特儿必须拥有魔鬼的身材，甚至借助整形手术。现代的时装需要真正的衣架子，两者相得益彰。反之，穿在身材过胖或比例不佳的人身上，只会使缺点更凸显。

地 位

　　性只是流行的一部分，毕竟没有人会将《时尚》杂志与《花花公子》混为一谈。《时尚》于1892年创刊，刚开始都是上流淑女穿着自己的衣服。1909年杂志大亨孔德·奈斯特 （Conde Nast） 买下《时尚》，从此这份杂志"代表的是可渗透的、草根的、民主的精英阶层，这些人拥有美貌、才华、形象、财富或成就"。就肯尼迪·弗雷泽 （Kelnnedy Fraser） 所说的，"即使是最昂贵的手工皮鞋也会带给某些人永远挥之不去的小小的不满足"。《时尚》与其竞争者《哈珀》杂志 （Harper） 的主要内容都是这份小小的不满足。

　　这些刊物报道的时尚堪称是社会竞争力的产物，就像是鸟类最鲜艳的羽毛或最甜美的歌声。每个人都在玩一种"请注意我"的游戏，在竞争中逐渐走向极端。人们争相占据最高的地位，彼此划清界限，并衍生出不断变动的规则。于是时尚变成势利排他的活动，最上流者必须透过一连串繁复的规则才能捍卫其地位。要成为真正圈内人，除了时间与金钱，还需要相当的投入与品位，缺少这些的暴发户与作态型的人很容易自暴其短。时尚方面的失误与其说是美学的，还不如说是社会与道德的错误，因此人们极度关切各种小节，诸如剪裁领子的尺寸、裤子的褶痕、颜色、质料等。一种样式一旦过气立刻束之高阁，即使成本极高且完好如新。

　　有些样式这一季流行，下一季就过时，可以清楚地看到社会地位的影响。去除社会意义，有些衣服看起来可能很没有价值，甚至荒唐可笑。竞争可能使流行趋向极端，引发流行狂热，但追求流行本身既不琐碎也不可笑。游戏或许很疯狂，参与的人都很理智，他们知道在社交场合衣服是有价通货。衣服可以显示一个人走在团体的前面，或至少不是太落后。

流行的诞生

　　戴斯蒙·莫里斯说人类是赤裸的猿猴，不仅如此，我们还是唯一会穿衣服的。如果你让猿猴照镜子，它们多半会注意看牙齿和一些平常看不到的部位，例如母猩猩会转身观看红屁股。猿猴对自己的外貌并非毫无兴趣，只是装饰的方法比较随便，顶多就是在肩上扛一只死老鼠，它们不懂得用装饰来表现社会地位。

　　人类却早在千万年前就已开始利用装饰凸显自己，时间大概与洞穴壁画同时发生。莫斯科北部发现距今约28000年的坟墓，里面有千万颗钻孔的象牙珠子，研判原来是衣袖或裤管的装饰。一个60岁老人的尸骨上找到珠子装饰的帽子，象牙手镯及2936颗串珠。旁边是一个男孩和一个女孩，身上同样有数千颗小珠子。不过只有男孩与老人戴有坠子或动物牙饰，显示当时的服饰已是男女有别。中欧的旧石器文化已有针线存在，针的材料是古大象象牙或鱼鸟驯鹿的骨头，以动物的筋为线。用法和今天差不多，都是针孔穿线缝合，已发现最早的针线是在距今三四千年的洞穴里。

　　人类穿着衣服的历史已有几十万年，史家认为"流行服饰"开始于14世纪的欧洲。在那之前人们通常只是遵循上一代的穿着，顶多略加改变，罗马宽袍及膝束腰宽外衣、沙丽、和服是少数流传千年的服饰。14世纪埃及皇后奈夫蒂狄若是遇到千年前的埃及艳后，两个人的穿着大概也不会有太大的差异。

　　14世纪时，欧洲的有钱人开始舍弃宽松的衣服，换上剪裁合宜有纽扣蕾丝的衣服，突显出身体的特色。男装的灵感来自军服（之后几百年也都是如此），当时的骑士穿着合身的盔甲，里面是紧身有内衬的上衣与合身长裤。几百年来垫肩上衣与长裤就是男装的主轴。

　　女人穿着下摆垂地的长裙，上衣领口开得极低，下摆滚边收紧以突显腰部。中间系宽腰带以区隔紧身上衣与蓬松的裙子。装饰的地方主要是披风、头巾、衣袖、下摆等的边缘，袖子上常缝了十数颗扣子。当时的衣着戏剧化又有个人特色，

人们在创新与变化上显露无穷的兴趣。

　　史学家认为时尚的兴起与商人、银行家等新财富势力有关。封建社会中财富与地位有严格的界线，到14世纪中，英国、意大利、德国、法国的封建制度逐渐瓦解。随着贸易、商业与城镇的兴起，出现新的阶层，以雄厚的消费力与贵族相抗衡，而时尚是明显的财富与社会地位表征。文化史学家史蒂芬·贝利（stephen Bayley）说："富裕但安全感不够的中产阶级是最贪婪的消费者，因此也是最受品位考量影响的一群。"经济学家茱莉叶·萧尔（Juliet Schor）说："消费往往能以奇特的方式满足人的虚荣，提升人的地位，界定人的属性……但也耗去人们大半的时间。"

消费、浪费与休闲

关于人类如何利用服饰确立社会地位，经济学家索斯汀·韦伯伦（Thorstein Veblen）1899年所写的《有闲阶级的理论》有精辟的分析。他说"光是拥有财富权势还不够"，如何展示个人的财富权势自有一套规则。韦伯伦创造一个最有名的词汇"炫耀性消费"，亦即高价值物品的累积。高价值的定义是稀有、难取得或需要投入长时间的技术劳力（当然是别人的劳力）。1558年25岁的伊丽莎白一世登基，身着织锦貂袍，饰以丝巾与珍珠。不久前模特儿史蒂芬妮·西蒙嫁给富有的艺术收藏家彼得·布兰特，身着Azzedine Alaia设计的服装，据说制作这套嫁衣费时900个小时，上面有人工缝贴的48000个小镜子。

作为地位的象征，一个人的穿着还必须提供炫耀性休闲的证据。按照韦伯伦的定义，休闲是指无关赚钱也不具任何实用功能的享乐活动。很多服装都是反映上层社会的休闲活动，如打猎、高尔夫、游艇、马球等。英国猎装是高帽子与燕尾服的灵感来源，游艇上常见的运动夹克与黄铜扣子后来蔓延到陆上运动场，打马球时所穿着的羊毛衫与短袖圆领套头衫后来也渐渐成为一般家居服。现在又有所谓的巴塔哥尼亚服，这是从潜水、滑雪、登山时的穿着演变而来的。

旧社会里武士常属于较高阶层，战服也是社会地位的表征。从军服演变而来的服装有雨衣、肩章、蓝呢短大衣、卡其衣等。昆汀·贝尔说："在服装史上战争与运动有相当的重要性，因为这两者都曾经是社会上最主要甚至是唯一的职业。"

休闲生活的另一个证明是穿着很难维护的衣料，亚麻是最好的例子，这种高级布料几乎是一穿上就发皱。17世纪法国贵族流行穿织缎与绣花鞋，表示这些妇女从来不在泥地上走。确实如此，她们都是搭着轿车直趋凡尔赛的。现代的透明衬裙也有类似的意味，看起来根本完全不经穿。

休闲生活的最明确证明是穿着不可能劳动的服饰，中国的贵族蓄长长的指甲显示他们从来不劳动，一位时尚新闻的记者观察说："高跟鞋是给那些不太走路的人穿的，她们花钱请别人走路——去洗衣店、叫计程车、买午餐。"1538年意大利作家卡斯蒂里欧尼（Bedassare Castiglione）所著的《朝臣》（Courtier）里，提到朝臣的基本特色是从容、不费力、摆架子，永远不能有匆忙勉力的感觉。

　　社会地位的最后一个表征是炫耀性浪费，因为不虞匮乏而不怕花费。查理曼大帝拥有800双精致的手套，在当时手套是很难制造和清洁的。温莎公爵夫妇使用的卫生纸是人工裁剪的，他们的仆人用银碗喂狗。20世纪初纽约社会名流莉塔·狄亚科斯塔（Rita de Acosta）拥有87件黑丝绒外套，每一件只有蕾丝边略有不同。意大利制鞋商Ferragamo曾经一次卖给影星葛丽泰·嘉宝70双鞋，另外也曾卖给印度一女邦主100双鞋，上面还镶嵌买主寄给他的珍珠钻石。

　　前面谈到不少炫耀性消费、浪费与休闲的例子，最极端的例子应该是17世纪路易十四世的宫廷。当时的朝臣只知争宠与争权夺势，据说少数宠臣以高昂代价买到一个许可证，准许穿着与国王相似的背心——绣银线滚红边的蓝色云纹绸。这一小撮人不关心世事，只以彼此竞逐豪奢为务，就是在这种竞争的气氛下流行时尚走向极端。

　　主导此一气氛的正是法皇路易十四，每天早上他都在大早朝时进行公开的着衣仪式。他醒来戴上假发后，立刻在房里接见约百名朝臣。然后在仆从的协助下穿上袜子、连着丝袜的及膝短裤、有钻扣的鞋子、吊袜带（国王亲自扣上）。穿到这里暂停吃早餐，接着两名仆从拉开外袍遮住，让国王穿上衬衫。然后佩上宝剑与佩饰，结上领带，戴上丝质手帕、外套、帽子、手套、权杖。整个过程有一定的顺序与仪节，什么时间由谁递上哪一件服饰，丝毫马虎不得。国王穿着完毕即是早朝结束之时。

　　路易十四的这身行头可是相当沉重，据说1715年最后一次公开仪式中，他几乎寸步难行。不过，地位的表征也是变幻无常的，路易十四及所有朝臣都喜欢戴硕大的金色假发，后来这些假发却沦落到在街上成箱叫卖，民众买回去当抹布。

标新立异

　　昆丁·贝尔添加地位表现的第四项规则：炫耀性标新立异。有地位的人才有让人不快的资格，在社会地位的保护下，可以自由订立规则，这些人也常常是前卫艺术与时尚的创造者或赞助人。20世纪20年代英国贵族史蒂芬·坦南（stephen Tennant）留下一张照片，穿着条纹西装，皮夹克，还搽了口红，看起来就像是20世纪90年代的人。欧特琳·莫洛（Ottoline Morrell）是罗素的情人也是某议员之妻，据说她穿的衣服就像"从西班牙画家维拉斯凯（Velasquez）的画中走出来"，质料很高级，但通常没有衬里，而且并不缝死，只是略微别住。看起来不像衣服，倒像是"戏服"，设计的目的"不在舒适而是激发观者的想象力"。今天很多顶尖的服装设计师灵感都源自贵族，例如亚曼达·哈利赫（Armanda Harlech）是综合卡尔·莱格菲（Karl Lagerfeld）与约翰·盖里安诺（John Galliano）的构思，伊莎贝拉·布罗（Isabella Blow）则是源自亚历山大·麦昆（Alexander McQueen of Givenchy）的构思。布罗1998年参加巴黎服装展时所穿的衣服"就像张开的降落伞"，她的祖父布莱顿爵士，1941年被控杀害肯亚的埃洛（Erroll）爵士但最后判无罪。

　　品位不佳、丑陋、粗俗是中产阶级才有的忧虑，他们是流行的追随者，其中最保守的人还是为了随俗才不得不跟上流行。上层阶级唯恐被误为中产阶级，因此一种流行一旦普及化，立刻被弃之如敝屣。时尚编辑黛安娜·瑞兰（Diana Vreeland）说："别怕粗俗，唯一要担忧的是太枯燥乏味，太中产阶级。"流行始于标新立异，终于被大众接受，当模仿者都久已遗忘时又再度兴起。

　　只有态度"正确"的人才可以穿标新立异的服装。试比较两种人的穿着，中产阶级美的代表——美国小姐与高级服饰模特儿。前者穿着晚礼服与泳衣，脸上永远带着微笑，畅谈社会议题，出游有长者陪伴，举手投足流露诚恳认真。反观模特儿则是抽烟狂欢，个个长得像吸毒者，一天没有一万元酬劳根本不肯下床，而且几乎没有一丝笑容。模特儿是天之骄子，也摆出天之骄子的架势，她们的工作是代表上流社会，是惊世骇俗引人妒羡，但绝不是取悦。

群众控制

　　时尚诞生最初五百年里，政府曾尝试以法令限制哪些人能使用哪些衣料，乃至裙宽鞋长都有规定。上层阶级希望专权独享较长较高的鞋子，较大的绉领，较宽的裙摆，以及短得不能再短的紧身上衣。但这些钳制全属白费，中产阶级绝不容许他们独步于前。事实上法令限制只是加速流行的脚步，政府不准中产阶级使用某种样式或颜色，他们自有办法钻漏洞，发明新款式。当年威尼斯人规定只能佩戴一条珍珠项链，他们也确实遵守了，只是这一条底下连接层层珍珠条链直达裙摆。18世纪的日本规定只有武士可使用金线缎布，染成斑点及绣花。有钱的商人便想到穿着黑色和服，内里使用极高级布料，成为一种有名的极简风格。

　　事实上，这类规定往往成为笑柄。在14世纪末与15世纪，欧洲很多国家的男人流行穿一种鞋子叫步莲（poulaine）。据说最初是一个贵族因脚指甲畸形而穿这种鞋子，后来所有人都跟着流行（除了工人）。法律规定鞋长不可超过六英寸，后来也改为贵族之外的人鞋长不可超过六英寸。有些人还因鞋子过长而必须用链子绑在脚上，以免走路跌跤。后来这种鞋子渐渐不流行，取而代之的是方头鞋。

　　1476年威尼斯设立"虚饰长官"，负责规范不当的豪奢打扮。同时，挑战法律却也成了一种骄傲，有所谓"付虚饰费"的说法，亦即宁可缴罚款也要干犯禁忌。模仿上流社会的风气甚至感染到神职人员，1438年威尼斯宗教会议敦促牧师不要穿着流行的"小夹克……短到清楚露出肚脐"，或是"每天早上重新缝合才穿得上的紧身衣"。此外，教会也吁请神职人员剪成短圆的发型，穿上正规的黑长袍。

　　1706年到1709年的虚饰长官想到一个自以为有效的方法，规定已婚的贵族妇女或市民只能穿黑色。结果呢？上层社会只有在公开场合遵守规定，更糟糕的是非贵族妇女也开始穿黑衣。当颜色鲜艳或绣花布不再是地位的表征后，下层阶级的人也不再感兴趣了。

　　政府为什么要立法规范这么琐碎的事？社会学家欧文·高夫曼（Erving Goffman）指出，一样东西会成为地位的表征，必须显示购买者属于特定阶层，如果其他人也能购买，那便失去表征意义。在现代社会，购买行为的限制是令人咋舌的高价、常人止步的购买地点及社会规范，18世纪以前则是透过法律来限制。

设计师的崇拜

　　政府终究对流行失去兴趣。英国最后一次俭朴法令是1643年查理一世颁布的，废除于1648年。法国的末代法令颁于1720年，法国革命后1793年的会议明订：“任何人不得强迫他人着特定衣饰，男女皆然……人人可自由依个人喜好选择适合其性别的衣着。”唯一的限制是不可男女混穿，其他几乎百无禁忌。

　　时尚的民主化始于19世纪，随着缝纫机、成衣与百货公司的发展，一般人都可享受一定程度的衣着选择。欧洲的男士拒绝追随没落贵族的夸张穿着，开始选择剪裁得宜做工细致的男装。

　　就在这时诞生了一种新的职业——设计师，以艺术家之姿赋予高级时尚新的地位。过去富人的衣服都是低贱的女工按照客户指示缝制的，改变这一切的是查尔斯·弗德列克·沃斯（charles Frederick Worth）。1858年他在巴黎开了一家店，专门贩售“成衣、丝织品与高级精品”，由他的妻子在店里担任模特儿，拿破仑三世的妻子向他买了一套衣服，19世纪80到90年代期间，他为不少贵族及知名艺人服务。沃斯的订制女装和百货公司的成衣可有天壤之别，后者是工匠与缝纫机做出来的，前者则是艺术家手工缝制的。沃斯坚持一切创意出之于己，将制衣业从无名的工匠提升到艺术家的崇高地位，不久便有许多人模仿他在巴黎开店。

　　其后百年的时装界巴黎独领风骚，巴黎立下标准，全世界紧追模仿。沃斯确立了高级时装的艺术形式，巴黎则提供这项艺术成熟的养分。1885年巴黎时装商会（The Chambre Syndicale de la Couture Parisienne）成立，严格规范此一艺术为“高级裁缝”：全部以手工制作，在工作室设计，缝制合宜毫不差。知名设计师波列（Paul Poiret）、维奥尼特（Madeleine Vionnet）、香奈儿（Coco Chanel）、克丽丝汀·迪奥（Christine Dior）等为世人创造最美丽特别的服饰，他们的灵感可能来自一块布料、街上美女的一瞥、历史书上的一张图片、图画、芭蕾舞、旅游或个人的想象。

　　高级时装是瞬间即逝的艺术，仰赖的是穿者的优雅，就像芭蕾舞也是靠精灵般的舞者传递美感。布鲁斯·查温（Bruce Chatwin）到巴黎访问96岁的设计师维奥尼特时，发现"她自视为国宝级的艺术家，一心追求完美，即使是处理一般事物也带有一份狂热。她的住居摆设也是无与伦比……她抚摸一片布料的样子，仿佛雕刻家抚摸一块有着无限可能的大理石"。据说某位名设计师用两根指头就可拆解一件衣服，为了一个袖孔的正确尺寸可以不眠不休工作36小时。

　　服装设计的时代是越洋游艇的步调而不是超音速喷气式客机的速度，客户必须前往试穿三五趟，等到衣服完成可能要费时数月。尽管高级时装知名度高，设计师又常在杂志上曝光，全世界每年在21家时装设计公司订制衣服的不到3000人。1998年记者多米尼克·邓恩（Dominick Dunne）采访巴黎时装展，得知"买主都是没什么知名度的女人，但她们的丈夫可都是千万富豪"。这些衣服贵得吓人，一件T恤可以贵到6000美元，西装一套30000美元，晚礼服25万美元。但对女性买主而言"这些时装是必需品……因为全世界不会有第二件"。

设计品牌&超级名模与名牌身材

　　巴黎时装展的衣服可能永远没有人会穿，设计公司光靠这些服装是不可能生存的，因为价格都太高了。他们的主要利润来源是贩售香水、化妆品、皮包、太阳眼镜、牛仔裤、成衣等。对这类低价品的买主而言，高级时装的意义不在拥有别人没有的商品，而是拥有富人拥有的东西，这些商品与富人的关联愈明确愈受欢迎。人们穿着设计师的标志仿佛佩戴徽章一样，这是服装受欢迎的基本要素。Tommy Hilfiger说他的衬衫若没有标志一件也卖不出去，Donna Karan也感叹："品牌为何变得如此重要！没有人在乎布料品质了吗？"

　　在美国，知名品牌的太阳眼镜与手表有四分之一是赝品，仿冒市场预估有2000亿美元的规模。纽约街头有人兜售仿冒的劳力士与海鸥表（Tag Heuer）、路易·威登（Louis Vuitton）、古琦（Gucci）皮包，Tommy Hilfiger与拉夫·劳伦（Ralph Lauren）服饰。很多人宁可买这些质劣不耐用的产品，就是不愿购买品质佳但没有商标的东西。连锁商店如香蕉共和国或西尔斯的衣服也是走模仿高级时装的路线，这也是时势所趋，毕竟现在的消费者对高级时尚的走向愈来愈能掌握了。

　　高级时尚不再是少数人的专利，在电视与网络上就可以看到最新的流行。电视最受欢迎的节目是奥斯卡颁奖典礼前的介绍，女主持人一一访问每个被提名人，谈的不是电影，而是服装！

　　设计师也知道，影星、音乐家、运动员是最佳活广告，自然乐得提供衣服出租，也可满足大众对富人与名人形象的好奇窥伺欲。然而，在设计师讨好群众的情况下，衣服如何可能再反映物以稀为贵的地位表征？在仿冒充斥的现代社会里什么是地位的表征？

　　要回答上述问题，首先要了解一点：流行服饰只适合少数身材穿，再有钱也改变不了这个事实。就好像灰姑娘的鞋子只有她能穿，她的丑妹妹怎么也挤不进去。打开电视，在模特儿半透明的薄纱与紧身衣底下观众看到的是瘦削的肩膀，圆挺

的胸部、平坦的小腹、蛇般扭动的臀部。于是他们发现，时尚界的新星是身体，这也是炫耀性消费的场所。仿冒的名牌服饰、手表、皮包可能让人分辨不出穿戴者是穷是富，但富人是瘦子的几率比较大。富人会利用各种方法塑身——上健身房、聘请塑身顾问、抽脂、甚至整形。富人的身材要花更多金钱保持，从外表就可以清楚地看出来。

名牌身材是新的地位表征，证据之一是人们不再讳言动过整形手术，像棕榈泉之类富人聚集处甚至还争相夸耀。女人们手术处尚未拆线便大方参加派对，夸耀手术的价格有多昂贵。在一些豪富圈里，标准态度是身上穿着名家设计服，脸上是知名手术医师的杰作，身材是高价训练师雕塑出来的。就像服装设计师一样，整形医生都熟谙自己的作品，客户也可以从某人的脸或胸部推测是出自何人手笔。

人们对名牌身材的着迷不下于名牌服饰，原因很多。其一，高级服饰很容易被仿冒，而且也不再那么令人目眩神迷，新的美学观崇尚的是简单。20世纪20年代香奈儿推出黑色小洋装与简朴的布料，甚至连过去只用于男性内衣的针织布也派上用场。波列 (Paul Poiret) 嘲弄地说香奈儿发明了"贫穷的豪华"。今天的趋势仍是舍繁就简，贫穷豪华风潮仍然盛行，很多最高级的衣服反映的就是最简单的美学观。

当代另一个突出的现象是超级名模的兴起。从20世纪60年代开始，涂姬 (Twiggy)、珍•席琳顿 (Jean Shrimpton) 等模特儿名气渐响。和设计师一样，最初模特儿也是低廉雇工，真正只是"衣架子"。一般认为"超级名模"现象始于1990年，英国《时尚》杂志以琳达•伊凡洁莉丝塔 (Linda Evangelista)、克莉丝蒂•托灵顿 (Christy Turlington)、辛蒂•克劳馥、娜欧米•坎贝尔 (Naomi Campbell)、泰席娜•帕提兹 (Tatiana Patitz) 为封面人物，称之为世界最顶尖的模特儿。今天的名模能提高衣服的价值，代表设计师有足够的资力与权威可以雇用她们。

20世纪20到40年代的模特儿并不是名人，但和今天的模特儿一样，出入权贵社交圈。这些模特儿通常都很瘦，拍照前甚至必须用别针将衣服别住。维持这样纤瘦的身材很不容易，很多人确实也借助欺骗的手段（药物、抽烟、饮食失调症等）。维持身材需要时间、金钱与超人的意志力，你必须控制所有的食物摄取。

随着男模特儿的地位渐增，他们也开始感受到同样的压力。男模马克士·山肯柏 (Marcus Schenkenberg) 的工作是为衣服打广告，但很多时候他是不穿衣服的。例如在为卡文克莱做跨页广告时，摄影师告诉他不必穿裤子，而是脱掉裤子遮住自己。显然他们要传递给消费者的重要信息与裤子无关，重点是马可士的身材有多棒。

对男女模特儿而言，节食与长时间的健身都是有代价的，潜在的报酬极惊人，不过成败往往仅一线之隔，结果却有天壤之别。正如经济学家罗伯·法兰克 (Robert Frank) 所说的，模特儿是一个赢家通吃的行业，极少数顶尖分子争夺大饼。全世界的超级名模大概只有十数人，在这样的市场里，些微的优势就可能造成截然不同的结果——收入可能是数百万美元与近乎零的差距。模特儿的确是极高薪的行业——对极少数人而言。

对运动迷而言，篮球选手高到什么程度并不重要，时尚迷也不一定需要超级纤瘦的模特儿。球员身高170或190公分的篮球赛可以同样刺激好看，重点是双方必须势均力敌。问题是只要身高191公分的人可以打败190公分的人，篮球选手的身高就会不断提高。同样的道理，只要顶尖模特儿报酬惊人，只要些微的差距就是成败的关键，模特儿就会愈来愈瘦。很多人喜欢模仿模特儿，他们的报酬是什么？答案是长得像超级名模。

我想未来的审美观不太可能逆转为以胖为美，但极端的瘦恐怕也难以持久，就像曾经流行过的90公分高的发型或二公尺半宽的裙子。事实上这是个死胡同，模特儿已经瘦得不能再瘦了，而流行是从来不停滞的。未来的模特儿倒是可能长得更高（因为还有空间可长），经过长时期的乳房崇拜，美国时尚界也可能将塑身焦点重新回到臀部。其实社会上已经对乳房植入的风气产生反弹，英国《太阳报》(Sun) 原本每日刊登三张隆乳女郎的照片，现在已取消。美国现在最新的色情杂志是《十全十美》(Perfect 10)，这是世界上第一份无硅胶色情刊物，杂志方保证每一个模特儿都是真材实料。

VEST AND LEATHER JACKET
(WORN UNDERNEATH)
WILLIAM RAST
PANTS BOTTEGA VENETA
ON HAIR, MOROCCANOIL
OIL TREATMENT
PHOTO ASSISTANTS
STYLIST ASSISTANTS
DIGITAL TECHNICIANS

流行的变调

　　流行时尚将往何处去？今天巴黎、日本、伦敦等地的设计师开始从创意勃发的街头时尚撷取灵感。人们开始挑战传统的分类标准，强调个人的独特性，而衣服就是表现独特的方法。性别被视为文化建构的产品，衣服则逐渐走向中性化。

　　在夜总会与街头的年轻一辈身上最可看出挑战分类的极端表现。时装历史学家泰德·波赫马斯（Ted Dolhemus）称东京夜总会的人不是飙舞而是"飙风格"，每天晚上都可以看到"西方街头流行风格的全历史呈现"。不同的时装经过混合、搭配、修改、模仿、颠覆而产生新的意义，你看到的不是清楚的商标，而是丰富的信息，有时候甚至必须具备丰富的背景知识才能解读这些信息。例如波赫马斯在伦敦街头看到一个年轻女性的穿着便传递了各种信息，"包括印第安风格／摇摆伦敦／60年代未来主义／性解放／坏女人／70年代魔幻派／牛仔／为叛逆而叛逆／流浪的波西米亚／现代派（mods）／激进平头族（skinheads）／朋克／嬉皮／学生／富有上流精英。"最后一项与前面几项对照显得格外有趣。

　　这是否意味着时尚的终结？表示未来再也不会有任何地位表征，或明显的性别表现，每个人都太酷了而不想模仿任何人？可能不至于吧。最近一期的《脸孔》（The Face）杂志里有一篇文章，谈到年轻人流行穿银色太空金属装，凡是号称有荧光图案或有毒品暗示的产品都趋之若鹜。作者彼得·莱亚（Peter Lyle）与罗拉·克雷克（Laura Craik）的结论是："不管这一代的人对制服多么反弹，我们终究还是希望发明自己的制服。从众总能给人一点安全感，人们总有一点惧怕偏离正规太远……20世纪90年代会是崇拜个人主义的年代吗？恐怕不是。"

　　尽管不断有人谈到打破性别藩篱，女人还是穿柔纱裙，男人还是穿长裤为主。两性有别从旧石器时代就已存在，如何分别倒是很有讨论的空间。男人也曾穿过丝袜绒鞋长发披肩，女扮男装更是轻而易举，未来男女的穿着也许会有更自由的交流，但总会想出玩弄两性差异的方法。毕竟这正是性最迷人刺激的地方。

智慧衣

将来的人们会穿什么样的衣服？首先，大概不会有那么多标志了，高级时尚界已有抛弃标志的迹象。Hermes最新的时装只在扣子中央有一个小小的H，D&G也开始抛掉商标（因为常易被扯掉）。一种趋势一旦被上流时尚界抛弃，注定就要走入历史。然而我们是否可以宣告高级时尚已死？这一点笔者很怀疑。巴黎永不会任自己老去，当稳健的迪奥与乔凡奇（Givenchy）聘用前卫英国设计师约翰·嘉里安诺（John Galliano）与亚历山大·麦昆（Alexander McQueen）时，跌破不少人的眼镜。其实这根本不足为奇，上流时尚界一向喜与前卫设计师合作，标新立异是两者共同的兴趣。

现在很多前卫设计师喜欢谈到两个字：智慧。日本设计师山本阳二与川久保礼（音译），比利时的马丁·马吉拉（Martin Margiela）、汉莫·蓝（Helmut Lang）、安·戴慕拉密斯特（Ann Demeulemeester）的作品都会让观者思索：这衣服是如何制作的？与身体的关系为何？是否打破了传统的美学观？其中马吉拉又是最前卫的，他的衣服常似半成品，采用循环使用的布料，而且明显看到接缝线。观赏这种衣服仿佛在玩一场智力的游戏，穿起来的效果也很特殊。

设计师贝西·约翰逊（Betsey Johnson）预言："未来的设计师（如果还称为设计师的话），必须同时是科学家。"麻省理工学院媒体实验室的艾利斯·潘兰（Alex Pentland）等人一定很同意这个说法，他们设计的"可穿式电脑"是一种轻到可缝在衣服上的电脑，就像戴手表眼镜一样方便。这些感应器可隐藏在珠宝、帽子甚至布料里，目前已问世的有音乐夹克，在肩膀上安装布的键盘，以金属线绣上字母数字，扩大器安装在口袋里。麻省理工学院的史帝芬·曼（Steve Mann）还自己动手改装家中的变温自动启闭装置，以收音机取代，可接收内衣的感应器发出的信号，自动调整冷暖气，他称之为智慧内衣。目前还在研究智慧眼镜，借助个人资料库辨识

人的脸，提醒你对方的名字，或者迷路时指点迷津。

当潘兰等人忙于技术研发的同时，东京、巴黎、米兰、纽约等地的设计人员则致力于改变服装的风貌，赋予数字化的美学观。在麻省理工学院的一次时装展中，出现一袭透明硬纱灯泡礼服，随着穿者的舞动时亮时灭，让观众叹为观止。不过目前智慧衣还不到普及阶段，因为在技术、美学、实用各方面都还有很多困难待克服。潘兰理想中的衣服是"随时在身旁预知你的需求的个人助理"，除了实用之外这也是很令人向往的境界。想象穿上一件让你更聪明的衣服，这种资讯时代的最佳配备——你能抗拒吗？

除非各种年龄种族的人都被同一个集体催眠师催眠（那又是谁？），世上似乎存在一种叫做美的东西，一种全然没有理由的优雅。

——安妮·狄拉（Annie Dillard）

承上帝的恩典，这世上总有不美但可爱的东西吧！

——乔治·艾略特

人的情感就像滋润大地的滔滔流水：它并非等待美而发生，而是以无人可挡之势往前流，顺势带引出美。

——乔治·艾略特

结语

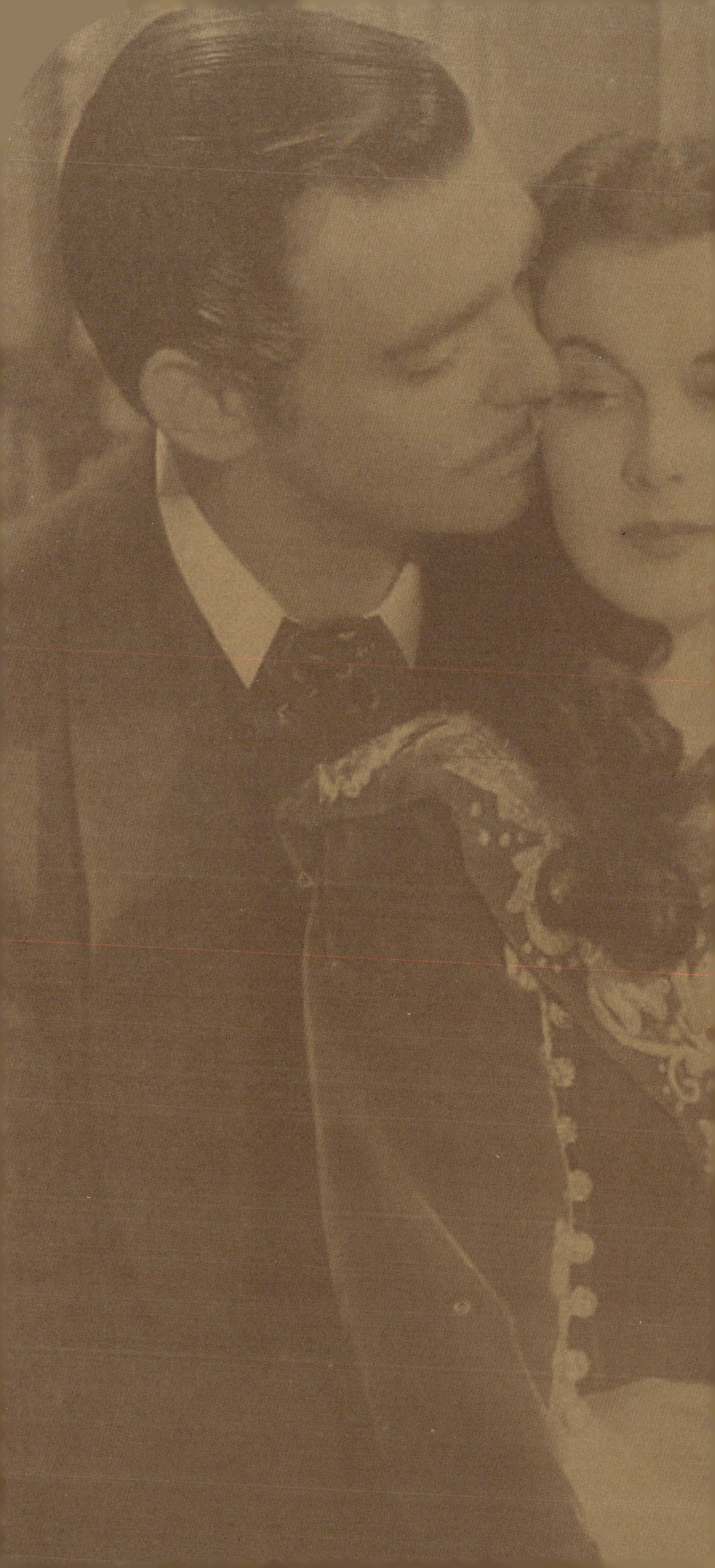

过去人们的美学观是绝对的，希腊诗人莎孚说："美即是善，善即是美。"济慈说："美即是真，真即是美。"但在现代的世界一切都是相对的，即使是美也不例外，美纯粹是"见仁见智"，是文化的产物或个人的主观意见。

　　但我认为，埋藏在文化建构与美的迷思之下还有一个美的核心。其实所有的文化都是美的文化，在世界任何角落美都是一股强大的颠覆力量，能激发情感、引起注意、导引行为。每一种文化都崇尚美，不惜耗费庞大的成本追求美，也都承受着因此而产生的悲喜结果。

　　政府曾立法禁止豪奢的穿着，教会严斥浮华，人们以美之名甘冒各种风险，每每让医生咋舌。然而这些都是船过水无痕。人们对美的过分专注虽引起非议，与美相关的事业却依旧欣欣向荣，如此热切不畏危险勇往直前的心态只能解释为人的本能，劝诫人们不要追求美就好像劝诫他们不要享受美食、性爱或新奇事物。

　　每个人都有需求无法满足的时候，但某些强烈的情感会导引我们的行为，暂时去除一切疑虑。人工智慧的创始人马文·民斯基（Marvin Minsky）认为，人的心里藏有很多"负面证据"，亦即知道有些事不能做，而美感经验就是大自然暂时关闭这项功能的方法之一。美感经验发生时，会有一个讯号告诉大脑"停止评价、选择、批评"，这是生命中少数可以拒绝大脑审查的经验。美让人心醉神迷，得到安慰。艺评家彼得·谢铎（Peter Schjeldahl）说："美是真理的印记。"人脑的批评功能暂时失灵，我们不会思考美，美丽当前也无法思索其他任何事。

　　我们对美的反应是脑子的直接反应，不是深思熟虑的

结果。人脑是为解决生存与繁殖问题，经自然淘汰演化而来。因此看到健康具生育潜力的异性会觉得美丽，看到无助的婴儿会觉得可爱得无法抗拒。不管流行是多么反复无常，任何地区的人都会同意婴儿的大眼睛小鼻子圆脸颊小小的四肢是美丽的，所有的男女都会同意，亮丽的头发、紧致的肌肤、女人的纤腰、男人的胸肌是美丽的。美是生命绵延不绝的方法，爱美的心深植在我们的基因里。

正如文化评论家肯尼迪·弗雷泽（Kennedy Fraser）所说的，爱美的心有一种"壮烈、又无反顾、人性的光辉"。美是值得庆幸的快乐，当然也值得认清它的意义。但别忘了，美不是唯一的快乐，人们在求偶时通常还是把善良摆在美丽之前。

超越外貌的信息

　　当然，外貌不是男女沟通求偶唯一的信息。正如玛格丽特·米切尔（Margaret Mitchell）在小说《飘》一开头所说的："郝思嘉长得不美，但男人似乎都没有发现……"

　　男女的诱惑牵涉到细微的身体语言，暗示邀请或拒绝。心理学家莫妮卡·摩尔（Monica Moore）研究过女人表达兴趣的信号，透过这些信号可预测谁会接近谁，精确度达90%。利用身体语言的频率与强度以预测哪一个女人会被追求，比外貌更具指标意义。女人的信号包括抛媚眼、甩头、舔唇、拨头发、害羞地笑、接受邀舞、挺肩摆臀走过房间等。男人又是如何引发女人这些反应的呢？目前尚没有人研究，但可以想象必然有一套相对应的身体语言。

　　摩尔的研究显示，多数时候人们会发出希望或不希望被接近的信号（有时是无意识的），这部分的吸引力只是在引人注意。但有时候人们会不邀自来，或是发出邀请信号，其实只是在试探可能性。身体语言不能使美丽的人不美，只是比较不易亲近，只要一个手势就可以反转信号。同样的，手势也可使不美的人引人注意，从而获得更多机会。

声 音

　　费里尼的电影《八又二分之一》里，有一个人将他喜欢过的女人都聚集到一个房间里，其中一个女人服务于航空公司，穿着制服走来走去播报航班时间。主角从来没有看过她，只有一次在机场等待转机时听过她的声音，从此深印脑海里。大卫·赖特曼（David Letterman）曾列出"贝瑞·怀特说过最浪漫的10个字"，包括一些无意义的声音。其实这位灵魂歌曲方面的著名歌手最有名的歌是《爱你永不够》，重点是任何语言从他口中说出都变得动听无比。

　　达尔文早已注意到，很多动物利用声音来表达"爱、愤怒与嫉妒"。雄昆虫会利用摩擦发音器有节奏地发出单一声音以吸引雌性，在繁殖季节里青蛙与蟾蜍更是叫个不停。音高与体形有关，雌性通常会受声音最低者吸引，因为那通常也是体形最大的。

　　有一种动物甚至为了提升声音的吸引力，不惜牺牲面貌（至少从人类的眼光看来是如此）。婆罗洲森林的大鼻长尾猴鼻子特大，吃东西时必须先将鼻子拨开，雌猴的鼻子较小。科学家海伦娜·克罗宁（Helena Cronin）认为，会发展出这么大的鼻子，至少部分原因是为了扩大音量（她认为可与低音提琴相比拟）。"看起来也许有点可笑，但这可能是为了满足雌猴的品位。"

　　人类有时候也会吹口哨、低语、哭嚎、哀鸣，但多数时候只是说话。一般人对何种声音较具吸引力有很高的共识，但没有人知道具吸引力的声音究竟具备何种特质。

　　声音会影响你对一个人的判断，声音好听的人总让人以为比较可爱能干。长相美当然更具说服力，但声音与长相是互相影响的。声音粗犷的美人看起来比较没那么美，反之，声音美就有加分作用。成年男子的声音一般比女人低沉而大声，因为男性声带长，咽喉大，使用的音域较小，说话听起来较单调，或者说较顺畅。女人较柔和多气音，音调变化丰富。具吸引力的男声一般指的是低沉缓慢顺畅，事实上这些是男声的标准特征。

但就像脸一样，声音是可以修饰的，也会随着流行变化。男女的音高有很大的范围重叠，决定使用哪个范围有相当的弹性。女人为了让声音更好听常会提高音调与突显气音，比如说一份研究显示日本女人的音高达400赫兹，相当于婴儿的高音。玛丽莲·梦露的声音是一种高而多气音的耳语，融合了孩子般的无助与成人的性感，仿佛轻声说"救我"同时又暗示会给予某种回报。

从20世纪70年代开始，女性化的高音不再吸引人。这与性解放的成熟自信不符，在职场上更是难以让人信服。女性在公众场合特别压低声音。英国铁娘子撒切尔夫人的声音被批评太尖锐，便特别去学习压低声音。辛蒂·克劳馥、琳达·伊凡洁莉丝塔 (Linda Evangelisa)、宝莲娜·波莉柯娃 (Paulina Porizkova) 也都上过类似的课，超级名模外表尽可表现年轻，声音却愈来愈成熟权威。

去除地方口音则是男女都有的现象，这有点类似"矫正"种族特征的整形手术，只是手法没有那么极端罢了。美国过去曾流行英国口音，目前最受欢迎的是"干净"的中西部口音，电视人物黛安·梭耶 (Diane Sawyer) 可为代表。

POISON IS MY POTION

le nouveau parfum par Christian Dior

气 味

　　多数人都不喜欢体味，不是用香皂、除臭剂去除，就是用香水掩盖。但世上总有逐臭之夫——有些女人喜欢穿男伴的衬衫或睡他的枕头，婴儿也总喜欢把鼻子贴在母亲身上。彼德莱尔的诗《她的头发》（Her Hair）近乎狂喜地赞叹情人的头发，细述对她头发的视觉触觉，尤其是嗅觉："容我埋首在她柔细的卷发里／沉醉于隐约的发香／融合椰子、麝香与焦油。"

　　气味很难以语言形容，因为大脑掌管气味与语言的部位无直接关联。彼德莱尔以熟悉的事物比拟气味，却用了不太搭配甚至令人不愉快的组合（椰子、麝香与焦油）。事实上气味常引发互相冲突的印象。同样的气味因浓淡程度会有香臭截然不同的结果。有些化合物浓时闻起来如排泄物，淡时却如花香。音乐家布莱恩·艾诺（Brian Eno）研究发现："有一种化合物闻起来像紫罗兰又像摩托车……香，根鸢尾制成的奶油少量时有淡淡花香，大量时则有浓烈的肉体味（乳房下或股沟的味道）……香水的学问在于模糊难辨的挑逗，在唤起无可名状的感受，以及将互不相属的感觉结合起来。"

　　最引人兴味的是化学传导物质——费洛蒙。费洛蒙由皮肤分泌，可直接影响其他同类的生理与行为。费洛蒙不一定有明显气味，侦测的器官是有别于主要嗅觉中枢的另一系统。过去科学家一直以为人类没有这个第二嗅觉系统，并认定人类没有费洛蒙接收器（**犁鼻器**），或即使有也是退化的器官。但现在已证实人类确有**犁鼻器**，就在鼻中隔底部，我们的荷尔蒙与生理现象也都受到费洛蒙影响。

　　举例来说，生活在一起的女人常有月经周期同步的现象。不久前凯瑟琳·史登（Kathleen Stern）与玛莎·麦克林塔（Martha McClintock）证实这是费洛蒙作用的结果。她们以女人腋下的费洛蒙（无味）涂抹在其他女人的上唇，后者的排卵期与月经周期因而产生改变。发生作用的是两种费洛蒙，一种在排卵日分泌，会延缓其他女人的排卵日，延长月经周期，另一种则是加速排卵，缩短周期。这个研究显示，女人可能在无意识中控制别人的生育能力，目的为何尚无法确定。然而这项研究开启了一扇大门，让我们得以窥见一种影响沟通与性关系的强大物质。

在网际网络上很多网址销售费洛蒙，声称男人用了可以让女人趋之若鹜。目前研究最多的是雄性素（androstene），这种费洛蒙两性都有，但男性为主。其次是交配素（copulins），那是女性阴道分泌物中挥发性的脂肪酸。很多人都闻不到雄性素，闻得到的人也多半觉得气味不佳，排卵期间的女人则是感觉中性。意识上女人不觉得雄性素有何特别，但情绪与行为都会受到影响，心里会感到较平静，易受别人吸引。简单地说，女人会受雄性素的吸引，举例来说，当男女暴露在自酒精分离出的雄性素（androstenol）之下时，看到女人的照片会觉得比较美。另一项实验发现，女人暴露在雄性素之下会觉得较平静愉快。科学家在牙医候诊室与戏院坐椅上喷洒雄性素，结果女人比较喜欢坐，男人则是退避三舍。科学家艾斯崔·贾特（Astrid Jutte）发现，男性对女性交配素的反应大致相同。男性并不认为这种气味很宜人，但闻过以后觉得女人的照片或声音都变得较美好（与嗅闻中性气味相较），睾丸激素也会增加。男性暴露在女性的天然气味下，会觉得该女性更具吸引力，愈不美的女性加分效果愈明显。可以说交配素让外貌的缺点变得较不重要。

香水通常含有植物或雄性动物的费洛蒙，受到这些费洛蒙吸引的多半是女性而非男性，可见女性使用香水的目的可能不在吸引男性，而是取悦自己，让自己的心情平静。现在有所谓的芳香疗法，事实上有些天然的植物味道可能会影响心情与生理，例如研究发现薄荷有提神作用，会改变睡眠时的脑波与心跳。日本科学家古森光久（Teruhisa Komori）等人做过不少相关研究，发现柠檬味道可减轻沮丧，使沮丧症者的荷尔蒙及免疫系统趋于正常。

关于气味的研究多半以女性为对象，因为女性的嗅觉较敏锐，此一两性差异大约始于青春期，女性到排卵期达到最敏锐的程度。瑞士克劳斯·魏德金（Claus Wedekind）的研究非常有趣，他发现吸引女人的是气味与自己差异最大的人。吃避孕药的女人则有相反的现象——喜欢气味与己近似的男性。原来体味还与免疫

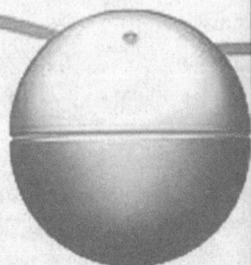

BOSS

BOSS IN MOTION

THE NEW FRAGRANCE

one

une fragrance pour un homme ou une femme

系统有关。

　　魏德金进一步研究发现，老鼠选择的交配对象常常是免疫系统基因与己相异者。这些MHC（主要组织相容性复合体）基因可辨识入侵物，保护自身不受外物伤害。老鼠会嗅闻彼此的尿味，选择MHC基因不同者来交配，可能是为了避免近亲繁殖及繁衍免疫力更强的下一代。魏德金请44位男士连续两天穿同一件衬衫，同时请他们以无味香皂洗澡，并禁止抽烟及其他会产生气味的活动。然后请女性给衬衫的气味打分，发现女性最喜欢的是MHC与自己最不同者（气味也就差异最大）。MHC相似的气味让女人联想到自己的父兄，当然不觉得性感。

　　孩子出生6个小时母亲就可以辨识他的气味，几天内孩子也会辨识母亲的气味。成年人都很熟悉自己的味道，在一堆衣服里可轻易闻出自己的。魏德金的研究显示，吸引我们的大概是气味最不像自家人的气味。当我们以人为方式操弄生育能力或吃避孕药时，也就打乱了此一机制。魏德金的结论是："没有人的体味是人人都喜欢的，完全因人而定。" 有些人总奇怪在美女帅哥面前丝毫不为所动，也许就是因为气味太像自家人了。

美丽不需等待

在感官世界里视觉的美并不是唯一的——柔美的声音、邀请的姿态、性感的气味同样使我们受到吸引，甚至在一无所知的情况下被某些人的荷尔蒙或免疫系统的分泌物吸引。即使是惊鸿一瞥或一见钟情，外貌仍然不是一切。

然而我们仍然没有解答最重要的问题：应该如何看待美？或者究竟有没有必要思考美？毕竟美丑天生是极度不公平的，何况一个人的智慧、善良、勇气、幽默、毅力等完全与美丑无关，虽然我们常误以为有关。汤姆·伍尔夫（Tom Wolfe）说："流行社会的核心是一种可厌的俗气，习惯依无关品格的标准评断一个人，沉溺于这种俗气就像习于观看春宫电影。"腐败的气息愈来愈浓，却没有人肯碰触这个话题。

洁癖不能作为逃避的理由。知识就是力量，增进对人性的了解才可能改善不义、创造更好的未来。科学研究不同于价值判断，人性确有一些天生的倾向，但不表示文化教养与后天环境不能彻底改变其表现方式。人性不见得尽是善的，但绝对是可以改变的。

美的政治学需要一个崭新的论坛，不受为反对而反对者的攻击，不因盲目崇拜者而动摇。1979年莱斯特·邦斯（Lester Bangs）对摇滚乐的论点在此同样适用，他说摇滚乐既已"存在生活中，你总希望它能达到某种境界，不要增添世上已存在的残酷与剥削"。美丽同样存在在日常生活中，将之贬抑为琐屑或文化的一环是常见的迷思，我们必须认识美，才能免于成为美的奴隶。

要如何认识美？首先要记住美貌告诉我们什么，美貌透露的是原始的配偶价值，就像可爱诉说的是无助。美貌透露出一个人可能具有生育力、健康、强壮，其基因可能可与我们结合成健康的下一代。（当然，化妆整形等过度操弄的结果可能降低原有的资讯价值。）在远古时代，获取这方面的资讯很重要，这也是为人，自应学习控制这套易冲动的机制。最好的方式也许是享受短暂的刺激与动物

性，然后发挥理智继续过人的生活。人脑也许无法自制，但人却可以。

很多人相信美即是善，如此便能心安理得地被美吸引（因为美既不肤浅，也与性或地位无涉），世界也显得公平得多。但这种观念忽略了人性的模糊与反复无常。心理学家罗杰·布朗（Roger Brown）提出一问题："举例来说，讨论瓦格纳之谜的书就有22000本之多，为什么？所谓瓦格纳之谜是说一个人的作品可以是如此崇高（歌剧《帕西法尔》），如此高贵浪漫（歌剧《罗恩格林》），如此聪慧幽默（歌剧《纽伦堡名歌手》），怎么能同时是反犹太分子，诱惑好友之妻，又是骗子、政客、自大狂、奢侈享乐者。其实为什么不可以？一个历经世事的人应该知道，性格、特质与才华都有复杂多变的形成因素，怎么还能相信或假装相信人的性格会完全符合单一道德标准，这恐怕才是最让人百思不解的谜。"

然而，要让美与善分家也不应贸然犯同样的错误，认定美即是恶，如此不免有性观念过度拘泥与违背人性的嫌疑。男性的性趣确实有一部分来自观看的乐趣，本质上这并无善恶可言。女性主义者凯伦·雷曼（Karen Lehrman）说："让美丽的女人享有美丽可能是人性解放最艰难的部分。"

培养美丽需要金钱、时间与精神，我们应该自己判断愿意投入多少资源。美貌确实给女人很大的酬报，远超出她凭借其他资产所能得到的，无怪乎女人愿意大力投资。有人说女人若不要浪费那么多时间在外貌上，必然会得到更多。这种说法完全没有意义，女人要有更多成就，应该赋予她平等的法律与社会权力，而不是要她放弃美丽。女人需要更多权力与快乐的来源，唯有当女人了解美丽只是众多酬报相当的资产之一，才能更尽情享受美丽。

人类会停止崇拜年轻的外貌吗？让我们面对现实吧，凡人都希望自己具有性吸引力，也都不希望看起来像明日黄花。任何年龄的女人都希望看起来像少女，女人从罗马时期就已这样做，只是今天做得更出色。几百年来两性游戏的场景有了很大的改变，增加的新元素包括节育、人工受孕、停经后怀孕、同性恋婚姻、自愿没有孩子等。这些都不影响我们被年轻且具有生育力的身体所吸引，有助于使我们的审美标准更开阔，至少能赋予配偶价值新的定义。我们仍旧喜欢观看美丽的少男少女，喜欢看他们装扮得美轮美奂。但我们也可试着教育自己的眼睛，学习从基因复制以外的角度欣赏美。也许今天的时装设计师能够做的最大胆举动，就是重新思考模特儿的典型。

如果我们不再欣赏年轻美貌的视觉盛宴，世界会变得多么暗淡。美丽且因美丽而获得酬报并不是罪恶，宽容美就是宽容给我们快乐的人，不管他们的事业是唱歌、写书或烹饪。罗素曾提出一个有趣的问题：如果孔雀彼此嫉妒，觉得美丽的羽毛是罪恶，那会是什么情形？〝艳丽夺目的羽毛将成为一抹暗淡的记忆。与其贬抑女人权力的一项来源（美丽），也许女性主义者可以尝试为女人争取更多的权力来源。

乔治·艾略特（George Eliot）是英语世界最重要的小说家之一，她长得不美丽，年轻时并因此颇为自苦。少女时代人家称她为〝铁线莲〞，意思是她有知性的美，她认为那是一种讽刺。她自认丑陋，偏偏她所爱慕的赫伯特·斯宾塞（Herbert Spencer）常撰文鼓吹美貌的重要。两人后来结为一生的好友，但斯宾塞因她的容貌而一直不肯娶她。艾略特到三十几岁时遇到她一生的挚爱，同居至他去世。年老时更嫁给一个小她20岁的英俊男子。期间创作不辍，写下英语世界极有深度的小说。

作家亨利·詹姆斯（Henry James）认识艾略特时她已50岁，詹姆斯写信告诉他父亲：〝此人奇丑无比，额头很低，眼睛是暗淡的灰色，大鼻子大嘴巴，牙齿参差不齐……然而在这可怕的丑陋背后隐藏着绝色的美丽，短短几分钟便悄悄流泻出来让人心醉，最后你也会和我一样，不自禁地爱上了她……她内心藏着一个含蓄、知识、骄傲、力量的世界。〞詹姆斯的结论是：〝她的世界比我见过的女人都广阔。〞

男人和女人都不断在寻找更广阔的世界，也许我们应该记住艾略特的话：〝向神圣的形式之美致上最高的敬意！容我们在男人、女人、孩童身上，在我们的家庭与花园培养极致的美。但也别忘了欣赏另一种美——不是从比例与对称中寻找，而是隐藏在人与人之间最深刻的同情里。〞美丽不能靠等待，而是要靠我们带引出来。

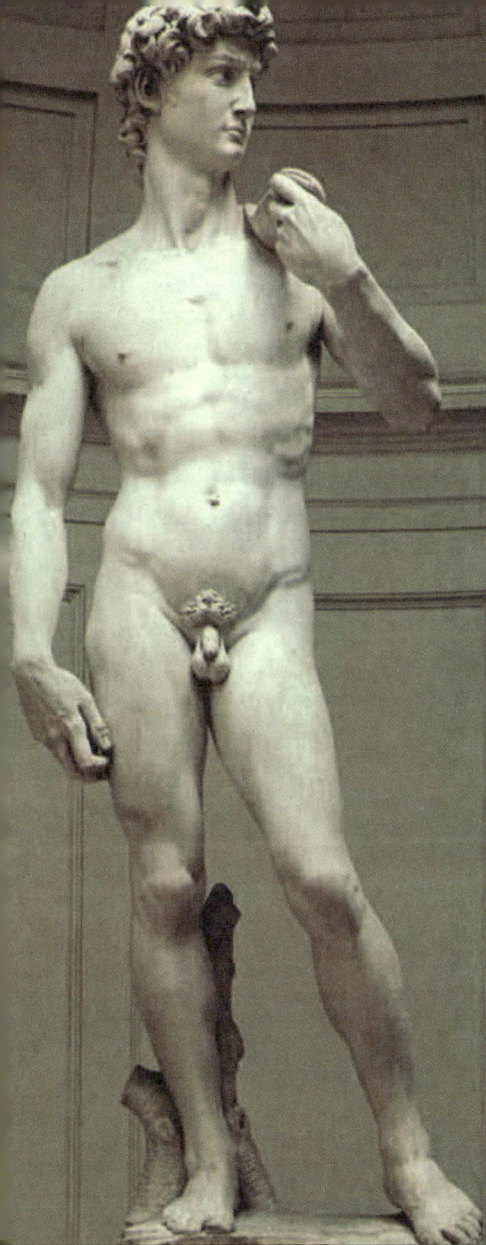

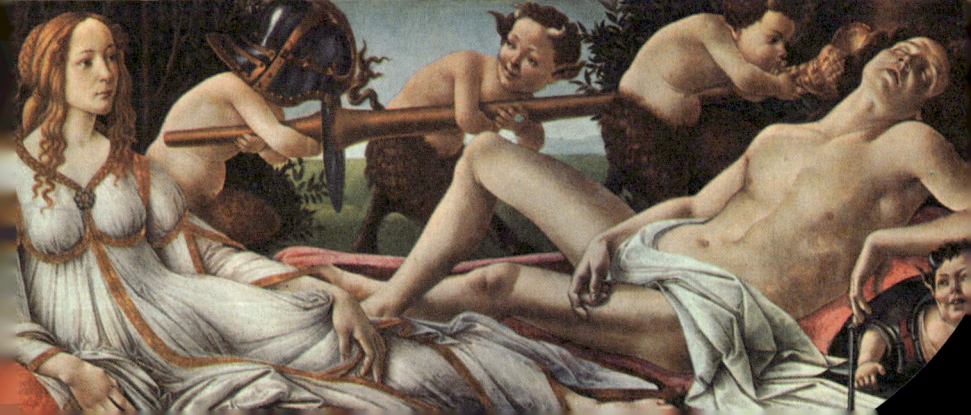

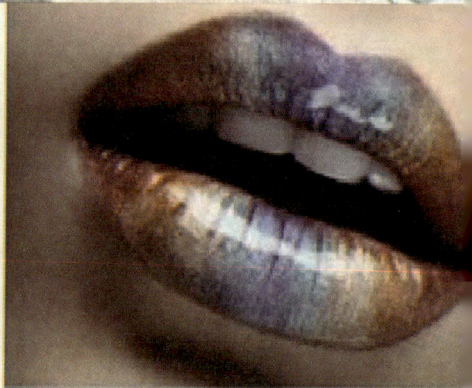

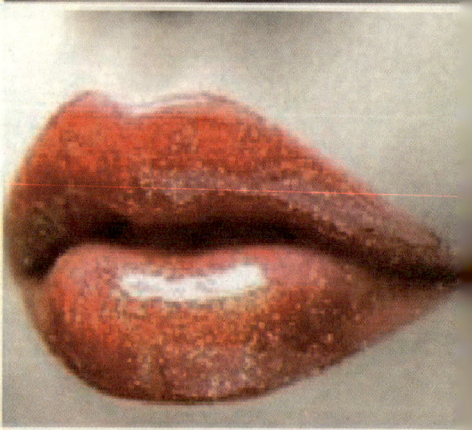

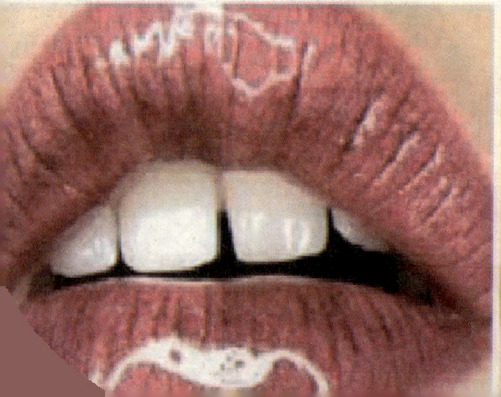

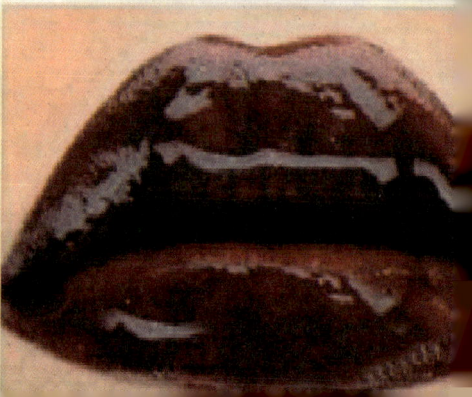

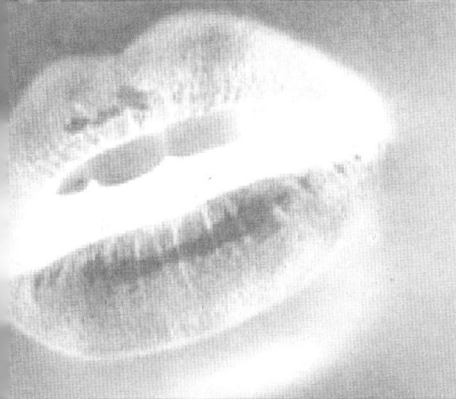

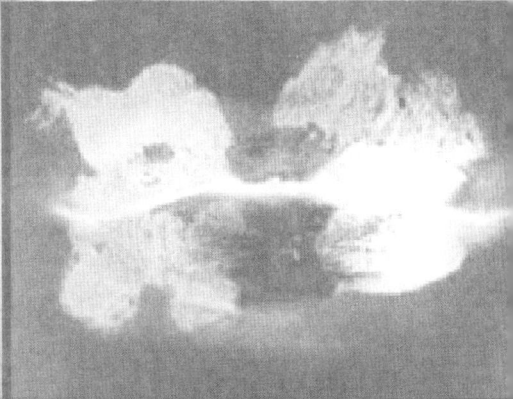

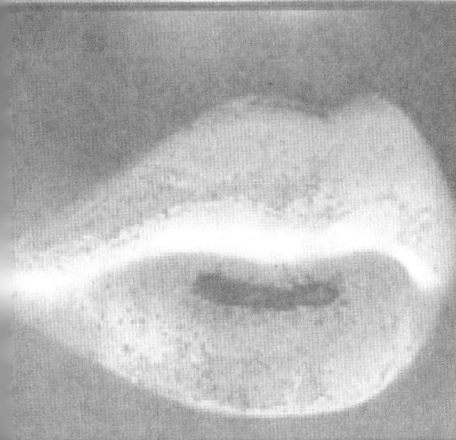

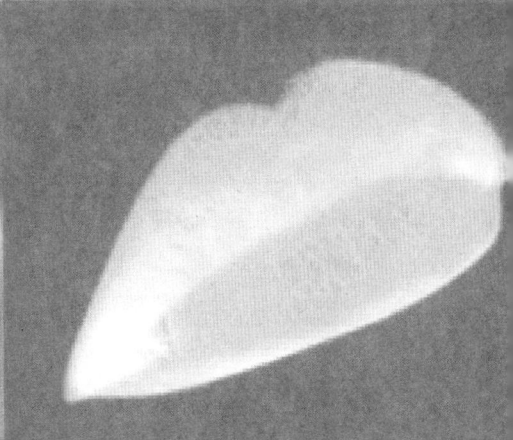

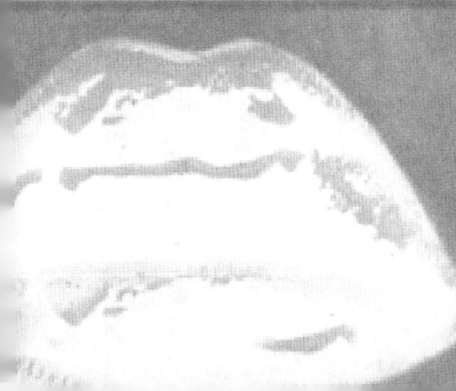

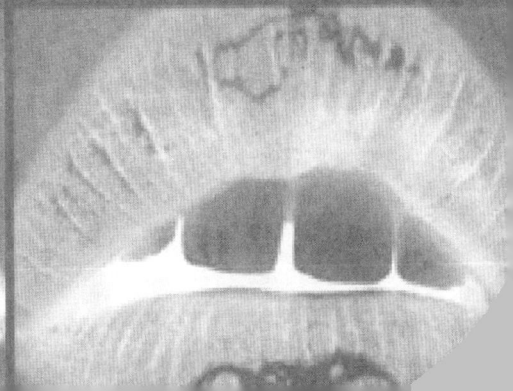

图书在版编目（CIP）数据

美之为物 / （美）艾科夫著；张美惠译. -- 贵阳：
贵州人民出版社，2010.3
ISBN 978-7-221-08881-9

Ⅰ. ①美… Ⅱ. ①艾… ②张… Ⅲ. ①人体美－研究
Ⅳ. ①B83

中国版本图书馆CIP数据核字(2010)第031048号

责任编辑：杨建国　梁永春
装帧设计：瀚清堂设计

美之为物

作者：（美）艾科夫　译者：张美惠

出版发行：贵州出版集团公司
　　　　　贵州人民出版社
　　　　　（贵阳市中华北路289号）
邮　　编：550001
电子邮箱：guojian57@sina.com
经　　销：新华书店
印　　刷：中国电影出版社印刷厂
开　　本：1/32　640*960mm
印　　张：10
插　　页：8
字　　数：140千字
版　　次：2010年7月第1版　2010年7月第1次印刷
书　　号：ISBN 978-7-221-08881-9
定　　价：38.00元